U0259046

Geochemical Characteristics and Source of the Oil-derived Gas of the Paleozoic in the Ordos Basin

鄂尔多斯盆地古生界油型气
地球化学特征及来源

韩文学　著

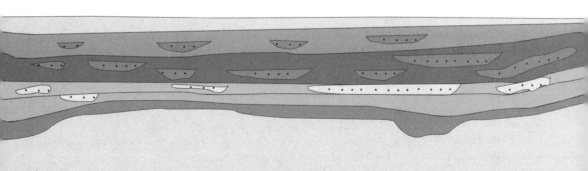

中国科学技术大学出版社

内 容 简 介

鄂尔多斯盆地是我国重要的天然气产区。靖边气田主要储集在奥陶系碳酸盐岩储层中,其他气田主要储集在石炭–二叠系砂岩储层中。靖边气田的储集层及地球化学特征与其他气田存在一定的差异性,这导致了靖边气田天然气的来源及成因类型存在争议。本书以靖边气田为例,综合运用多种地球化学手段,解译了鄂尔多斯盆地古生界油型气的地球化学特征及来源,以期为鄂尔多斯盆地天然气的勘探开发提供一定的借鉴。

本书主要面向从事石油及天然气领域工作的教师、学生,也可供该领域相关研究人员参考。

图书在版编目(CIP)数据

鄂尔多斯盆地古生界油型气地球化学特征及来源/韩文学著.—合肥:中国科学技术大学出版社,2021.8

ISBN 978-7-312-05246-0

Ⅰ. 鄂… Ⅱ. 韩… Ⅲ. 鄂尔多斯盆地—天然气—地球化学 Ⅳ. P618.130.2

中国版本图书馆 CIP 数据核字(2021)第 131001 号

鄂尔多斯盆地古生界油型气地球化学特征及来源
EERDUOSI PENDI GUSHENG JIE YOUXINGQI DIQIU HUAXUE TEZHENG JI LAIYUAN

出版	中国科学技术大学出版社
	安徽省合肥市金寨路96号,230026
	http://press.ustc.edu.cn
	https://zgkxjsdxcbs.tmall.com
印刷	合肥华苑印刷包装有限公司
发行	中国科学技术大学出版社
经销	全国新华书店
开本	710 mm×1000 mm 1/16
印张	10.5
字数	206 千
版次	2021 年 8 月第 1 版
印次	2021 年 8 月第 1 次印刷
定价	90.00 元

前　　言

鄂尔多斯盆地是我国重要的天然气产区,除靖边气田外,其他气田均储集在上古生界陆相碎屑岩储层中,为产自石炭－二叠系煤系烃源岩的煤成气。以靖边气田为代表的下古生界储层中天然气的地球化学特征存在异常,出现了部分碳同位素的倒转,这种碳同位素的异常现象导致下古生界天然气的来源及成因类型一直存在争议。与此同时,碳同位素倒转的机制尚不明确。虽然关于下古生界天然气的来源仍存在争议,但是下古生界天然气存在混源,有一定比例的油型气混入是目前学术界的共识。为了厘清古生界油型气的来源及其与碳同位素异常之间的关系,本书系统地分析了上古生界海陆过渡相灰岩,并做了上古生界灰岩及盐下海相碳酸盐岩的烃源岩吸附气实验。为了进一步验证这两套烃源岩的实际生烃能力,在实验的基础上选取上古生界灰岩发育区及盐下天然气的样品,对比研究了其地球化学特征。运用地球化学分析手段,研究天然气碳同位素倒转的成因。经过一系列分析对比,得出以下几点认识:

(1) 上古生界灰岩分布在石炭系本溪组、二叠系太原组及山西组,其他地层均不发育。其中,本溪组和山西组灰岩厚度较小,为2～5 m。灰岩主要发育于二叠系太原组中上部,广泛分布于鄂尔多斯盆地中东部地区,集中分布在安塞－佳县－横山组成的倒三角形区域,厚度为10～35 m,最厚地区可达50 m。二叠系太原组灰岩有机质类型、有机质丰度及有机质成熟度指标均优于本溪组和山西组,加之二叠系太原组灰岩厚度及分布范围明显大于本溪组和山西组,因此,上古生界存在一定生烃潜力的灰岩主要来自二叠系太原组,所以二叠系太原组灰岩具备一定的生烃能力,可以生成一定数量的油型气,但是其贡献率较小。

（2）为了确定油型气的来源，对二叠系太原组海陆过渡相灰岩及盐下马家沟组海相碳酸盐岩进行了烃源岩吸附气实验，选择盐下是为了排除上古生界煤系的影响。实验证实，二叠系太原组海陆过渡相灰岩及盐下奥陶系马家沟组海相碳酸盐岩确实具备一定的生烃能力，在某些地区可以形成天然气聚集。实验得出的这一结论，也被灰岩发育区及盐下天然气的地球化学特征所证实。但是，这两套潜在烃源岩的生烃能力有限，对形成工业性气藏的贡献率也不大。

（3）鄂尔多斯盆地古生界天然气中的油型气主要来自上古生界二叠系太原组灰岩及下古生界奥陶系马家沟组海相碳酸盐岩，这两套烃源岩系统的生烃潜力较小，生成的油型气的总量并不大。然而，这部分油型气数量虽然不大，但是少量油型气的混入却导致靖边气田天然气的地球化学特征出现了异常，对判断天然气的来源造成了巨大的困扰。

（4）天然气碳同位素倒转的成因机制复杂，多种因素均可导致碳同位素的倒转。模拟实验及生产实际均证明，煤成气和油型气的混合是导致鄂尔多斯盆地天然气碳同位素出现倒转的重要原因。通过一系列对鄂尔多斯盆地天然气的地球化学特征的对比研究，发现高成熟作用也是导致天然气碳同位素出现倒转的主要原因之一。此外，运移分馏作用也会导致天然气碳同位素出现倒转。

本书的出版受到山东省自然科学基金青年项目（ZR2020QD033）及山东科技大学菁英计划（skr20-3-013）联合资助。

本书如能给读者提供一点启发或研究思路将是作者莫大的荣幸。由于水平有限，书中难免存在不足之处，敬请同行专家及读者海涵并批评指正。

作　者

2020 年 12 月

目　录

第一章　绪　论

第一节　鄂尔多斯盆地天然气概述

　　鄂尔多斯盆地位于华北地块的西部边缘,为我国陆上第二大沉积盆地,具有稳定沉降、拗陷迁移、扭动明显的构造特征,为一个多旋回克拉通盆地。该盆地横跨陕西、甘肃、宁夏、内蒙古、山西,面积为 37×10^4 km²,其中古生界沉积岩分布面积为 25×10^4 km²(杨俊杰等,1996)。目前,鄂尔多斯盆地已经成为我国天然气探明储量最多,年产量最大的含油气盆地,也是我国发现千亿立方米以上储量气田最多的盆地(戴金星等,2014)。盆地在纵向上存在两套含油气系统,天然气主要产自古生界,分布在盆地的北部地区;石油主要产自中生界,分布在盆地的南部地区。浅部含油,深部含气。其中,古生界含气系统又包括上古生界含气系统及下古生界含气系统,这与鄂尔多斯盆地古生界地层具有双层沉积结构密切相关(戴金星等,2003):即上古生界地层主要为陆源碎屑岩和煤系,下部存在少量海陆交互相沉积。下古生界地层主要为海相碳酸盐岩和膏盐岩(戴金星等,2007)。截至目前,鄂尔多斯盆地已发现13个气田,即直罗、刘家庄、胜利井、靖边、榆林、米脂、乌审旗、大牛地、苏里格、子洲、神木、东胜、柳杨堡。在上述已发现的气田中,靖边气田位于下古生界,以奥陶系风化壳岩溶碳酸盐岩为储集体,天然气类型为煤成气和油型气的混合气。其他气田均为煤成气,主要储集在上古生界石炭-二叠系的陆相碎屑岩中。

　　1990年以后,我国陆续发现了一批大气田,使得我国的天然气产量不断增加,年产量接近 $1\,400 \times 10^8$ m³,成为世界上第七大产气大国(图1-1)(戴金星等,2003,2007)。大气田对于一个国家天然气工业的贡献是巨大的,目前全国已发现的48个大气田中,鄂尔多斯盆地就有8个,占了1/6,分别为苏里格大气田、乌审旗大气田、神木大气田、米脂大气田、大牛地大气田、榆林大气田、子洲大气田、靖边大气田。其中,苏里格大气田、靖边大气田、大牛地大气田储量占据了我国大气田排名的前三位(戴金星等,2003,2007)。由此可见,鄂尔多斯盆地的天然气产量和储量,在我国天然气工业中占据了举足轻重的位置。

鄂尔多斯盆地古生界储层中的天然气主要来自上古生界石炭-二叠系的煤系烃源岩,这是大部分学者的共识。这套煤系烃源岩厚度很大,广覆式分布,有机质丰度高,有机质类型为偏产气型的Ⅲ型干酪根,是鄂尔多斯盆地煤成气的"全天候"气源岩(傅锁堂等,2003;何自新等,2003;杨华等,2004;戴金星等,2005)。

之前的研究均把上古生界海陆过渡相灰岩当做储集层来对待,对于上古生界海陆过渡相灰岩能否生烃及生烃潜力有多大,目前的研究较少。而对于下古生界奥陶系马家沟组海相碳酸盐岩,虽然已经有较多的研究,但对其能否成为天然气的有效气源岩,目前,学术界尚未达成共识。

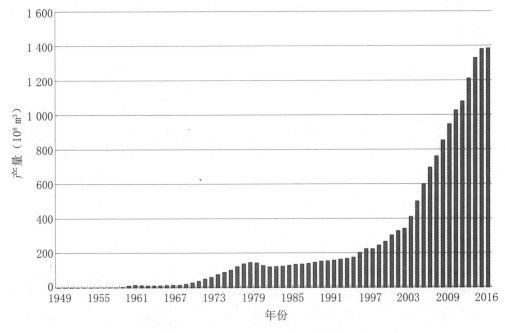

图1-1　中国1949～2016年天然气年产量关系图

据Dai et al.(2016)修改。

对于鄂尔多斯盆地中东部地区以靖边气田为代表的下古生界奥陶系中天然气的来源,学术界仍然存在争议(杨俊杰,1991;张文正等,1992a;关德师等,1993;张士亚,1994;黄第藩等,1996;宁宁等,2007;王传刚等,2009;杨华等,2009;陈安定等,2010;马春生等,2011;Dai et al., 2005)。目前主要有以下4种观点:

(1) 以煤成气为主,同时混有少量的油型气。其中,煤成气主要来自上古生界石炭-二叠系煤系烃源岩,而少量的油型气主要来自海陆过渡相的灰岩(关德师等,1993;张士亚,1994;杨华等,2009;Dai et al., 2005)。

(2) 以油型气为主,天然气主要来源于马家沟组碳酸盐岩,属于自生自储型,并认为有机碳含量约为0.2%,高-过成熟纯碳酸盐岩也可以生成天然气(杨俊杰,1991;黄第藩等,1996;陈安定等,2010)。

(3) 以煤成气为主,油型气为辅。这一观点与第一条相似,均认为天然气主要来自上古生界煤系地层。不同之处在于油型气的来源,持这一观点的人认为,油型气来自下古生界的奥陶系。即上古生界的煤成气运移至马家沟组中,与马家沟组自生自储的油型气发生了混合(张文正等,1992a,1992b)。

(4) 远源混合型,这一观点认为,天然气主要来自盆地西部-西南部奥陶系的泥灰岩和页岩生成的油型裂解气,同时混有部分石炭系-二叠系生成的煤成气(宁宁等,2007;王传刚等,2009;马春生等,2011)。

从上述4种观点可以看出,所有的学者均认为,在靖边气田中存在油型气,而争论的焦点在于油型气的来源,在不断降低有机质丰度和有机质丰度需要恢复的思路影响下,大部分学者认为油型气主要来自下古生界奥陶系马家沟组的海相碳酸盐岩烃源岩,并将工作的重点放在了评价这套烃源岩之上(夏新宇,1998a,2000;蒋助生等,1999;李延均等,1999;梁狄刚等,2000;陈安定,2002;张水昌等,2002;李贤庆等,2003;刘德汉等,2004;米敬奎等,2012)。而对于上古生界海陆过渡相的灰岩,虽然有研究者指出这类烃源岩也能生成一定量的油型气,但并未系统和深入地研究其生烃能力,这套海陆过渡相的灰岩无疑被很多学者忽略了。

实际上,对于奥陶系马家沟组海相碳酸盐岩的生烃潜力问题,不少学者已经做了大量研究工作,并取得了丰硕的成果,积累了大量宝贵的数据与经验。因此,本书试图通过对上古生界海陆过渡相灰岩生烃潜力进行评价,同时兼顾下古生界奥陶系马家沟组海相碳酸盐岩,结合天然气地球化学特征的深入研究,进行气源对比,明确大气田中油型气的来源,并弄清油型气与天然气碳同位素倒转之间的关系。

通过对古生界油型气地球化学特征的研究及天然气来源的分析,有助于发现鄂尔多斯盆地潜在烃源岩。而潜在烃源岩往往又是油气田形成的物质基础,因此,通过这一研究,将有助于发现天然气勘探的有利区带。

第二节 古生界天然气研究进展

鄂尔多斯盆地古生界中的煤成气来自上古生界石炭-二叠系煤系烃源岩,这一点已被学术界公认(戴金星等,2003,2005,2014;李贤庆等2008;黄士鹏等,2014;杨华等,2014)。然而,对于以靖边气田为代表的下古生界中混合天然气的来源,学术界尚存在较大的争议。

上一节已经提及,部分学者(郝石生等,1984,1996;陈安定,1994;程克明等,1996;黄第藩等,1996;秦建中等,2009)认为,整套奥陶系马家沟组海相碳酸盐岩均可以成为有效烃源岩。我国的海相碳酸盐岩整体具有总有机碳(TOC)含量低但成熟度高的特点,持这一观点的学者经研究得出结论为:较低的总有机碳含量是由较高的成熟度导致的。因此,针对于以奥陶系马家沟组为代表的高-过成熟阶段碳酸盐岩的有机碳含量需要进行恢复(恢复到开始大量生烃前时的有机碳含量),因而提出了一系列恢复方法和计算公式。他们认为高-过成熟阶段烃源岩的有机碳恢复系数通常为2~3,甚至可超过3。此外,部分学者(Demaison et al.,1991)认为,如果海相碳酸盐岩的体量足够大,就可以弥补有机碳含量低的不足。也有部分学者(傅家谟等,1977;梁狄刚等,2000;Gehman,1962)认为,海相碳酸盐岩虽然有机质丰度较低,但是生烃转化率却极高。海相碳酸盐岩的生烃转化率(总烃/有机碳)是泥岩的4倍,因此可以将海相碳酸盐岩的有机碳下限定为0.1%。依据上述观点,大面积分布的奥陶系马家沟组海相碳酸盐岩有可能成为有效烃源岩,并且在地质历史上大面积生烃。

随着研究进一步深入,部分学者(North,1985;邱中建等,1998;张水昌等,2002;腾格尔,2011;陈建平等,2012)笼统地把整套奥陶系马家沟组海相碳酸盐岩均看做是有效烃源岩。这一观点虽然会增强勘探者的信心,但是很显然混淆了烃源岩和储层之间的关系。就岩性来说,泥页岩类烃源岩占据了世界上碳酸盐岩油气藏中的绝大多数,其次是泥灰岩,而纯碳酸盐岩仅占了13%左右(North,1985;邱中建等,1998;腾格尔,2011)只有那些富集有机质层段的碳酸盐岩层才有可能成为有效烃源岩,它们并不需要很厚,但必须存在有机碳含量较高的局部层段(张水昌等,2002;陈建平等,2012)。鄂尔多斯盆地下古生界奥陶系马家沟组就存在这样的局部富有机质层段,岩性主要为含云泥岩、云质泥岩和泥云岩,分布范围受控于沉积相。前人的研究显示,统计的916个暗色泥质碳酸盐岩中,其总有机碳含量平均可达0.83%,显然高于统计的823个暗色纯碳酸盐岩的总有机碳含量平均值(0.18%)。下古生界奥陶系马家沟组烃源岩有机质类型主要为腐泥型及偏腐泥混合型(涂建琪等,2016)。

鄂尔多斯盆地下古生界奥陶系马家沟组潜在烃源岩在平面上主要分布于米脂地区,呈条带状展布,烃源岩累计厚度较大,具备一定的生烃潜力(图1-2)(涂建琪等,2016),成熟度较高(图1-3),生成的天然气干燥系数较大,是下古生界靖边气田天然气的主要气源岩(图1-4)。

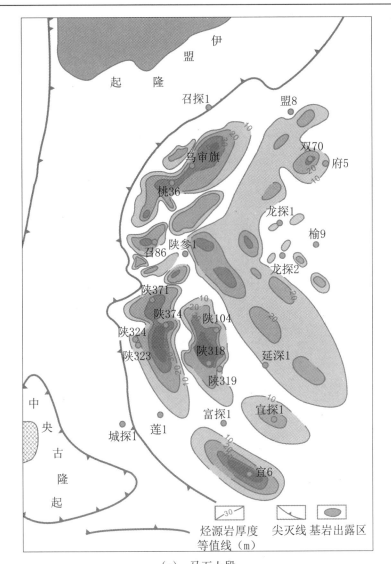

（a）马五上段

图1-2　奥陶系马家沟组有效烃源岩等厚图

据涂建琪等（2016）修改。

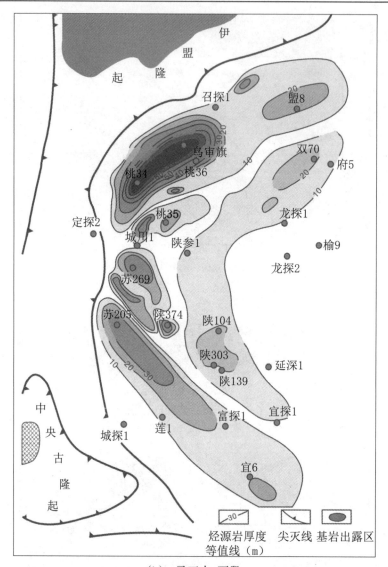

（b） 马五中–下段

图1-2 奥陶系马家沟组有效烃源岩等厚图(续)

据涂建琪等(2016)修改。

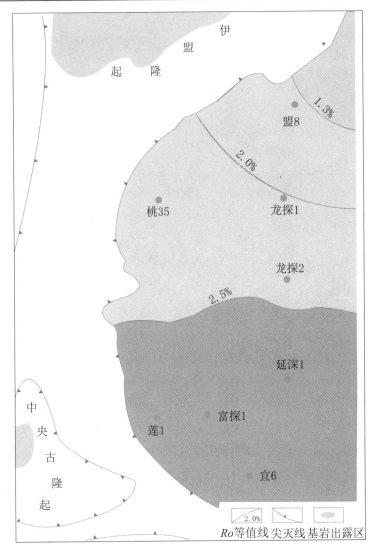

图1-3　奥陶系顶面等效镜质体反射率等值线图

据涂建琪等(2016)修改。

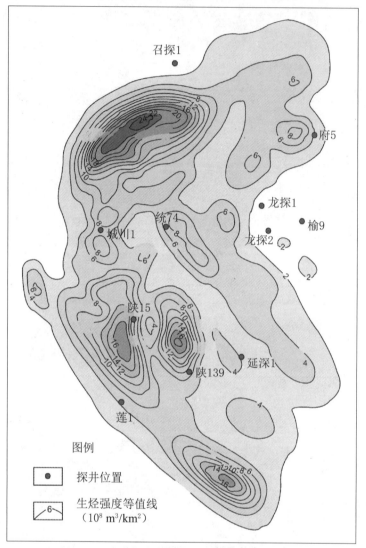

图1-4   奥陶系马家沟组生烃强度平面图
据涂建琪等(2016)修改。

部分学者(何自新,2003;刘成鑫等,2005;王传刚等,2009,2012;刘全有等,2012)认为,油型气主要来自于盆地西部及南缘广大地区呈"L"形连片分布的深水斜坡相、中奥陶统平凉组泥页岩和泥灰岩(图1-5)。中奥陶世,鄂尔多斯盆地西南部地区"L"形区域内沉积了极厚的平凉组(O₂p),在这套极厚的平凉组地层中,存在厚度巨大的潜在海相烃源岩,有机质丰度较高且类型好,综合评价其为"中等"至"好"级别的烃源岩,成熟度较高,在地质历史上有过生排烃史。

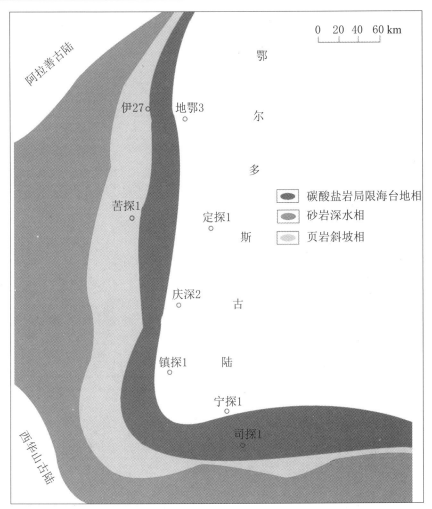

图 1-5　奥陶系平凉组岩相古地理面貌及现今基本地球化学特征

据王传刚等(2012)修改。

三叠纪末期(T_3),平凉组泥页岩和泥灰岩生成的液态烃开始进入中央古隆起附近的斜坡,形成了古油藏;侏罗纪-早白垩世(J-K_1),随着地层被逐渐埋深,地温梯度也随之上升,之前形成的古油藏开始裂解,生成了一定数量的天然气。晚白垩世(K_3),发生了东高西低的构造反转,导致了高温裂解而成的天然气自西向东的运移。由于东部地区巨厚膏盐岩层的侧向封堵,天然气聚集成藏。又由于上古生界石炭系本溪组底部铁铝质岩层的缺失,导致了古油藏形成的原油裂解气与上古生界煤系生成的煤成气在此处混合(图 1-6)。

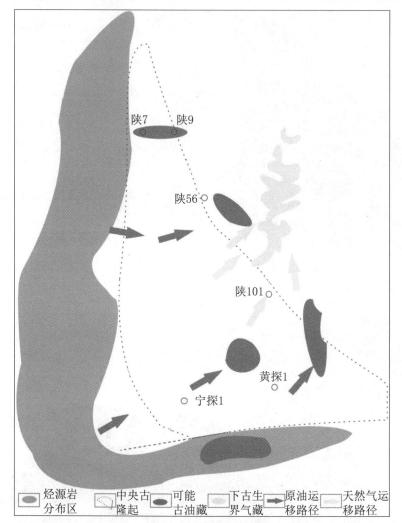

图1-6 奥陶系古油藏运聚成藏路径示意图

据王传刚等(2012)修改。

部分研究者(夏新宇等,1998b,1999,2000;戴金星等,2005)认为,油型气主要来自上古生界海陆过渡相灰岩(图1-7)。这套灰岩较为发育,广泛分布于盆地中东部地区,厚度较大、有机质丰度较高,介于0.5%~3%之间,有机质类型较好(腐殖-腐泥型),有机质成熟度较高,在地质历史上为可生成以油型气为主的天然气的良好岩层。

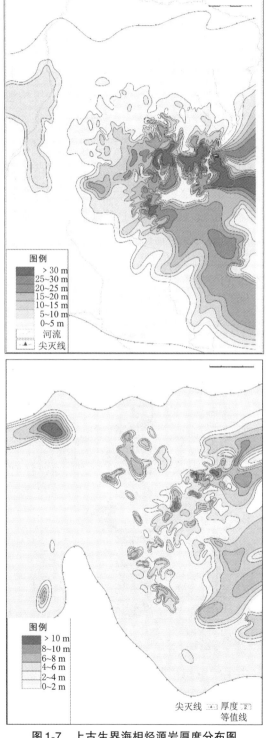

图 1-7　上古生界海相烃源岩厚度分布图

据 Dai et al.(2005)。

一、上古生界气源岩研究进展

鄂尔多斯盆地是一个稳定沉降的克拉通盆地,可进一步划分为伊盟隆起、晋西挠褶、渭北隆起、天环坳陷、西缘冲断带、伊陕斜坡6个二级构造单元。盆地古生界沉积具有明显的双层结构:上古生界沉积主要以陆相碎屑岩和煤系为主,石炭-二叠系存在部分海陆交互相沉积;下古生界沉积一套海相碳酸盐岩,盆地中东部地区缺失中上奥陶统,主要以下奥陶统马家沟组为主。盆地古生界气田在上古生界和下古生界均有分布,其中,除了靖边气田产气层位于下古生界外,其他已发现的气田(苏里格、神木、乌审旗、子洲、米脂等)均产自上古生界碎屑岩储层(表1-1)。

表1-1 鄂尔多斯盆地气田概况(据戴金星等(2014))

盆地	气田	储层时代与岩性						气源岩					天然气类型			发现时间(年)
		Z	O	C	P	T	J	O	C	P	T	J	煤成气	混合气	油型气	
鄂尔多斯	苏里格				▦				▰	▰	▰		煤成气			2000
	大牛地			▦					▰	▰	▰		煤成气			1997
	神木				▦				▰	▰	▰		煤成气			2003
	子洲				▦				▰	▰	▰		煤成气			2003
	乌审旗				▦				▰	▰	▰		煤成气			1994
	榆林				▦				▰	▰	▰		煤成气			1995
	米脂				▦				▰	▰	▰		煤成气			1987
	靖边		◩						▰	▰	▰		煤成气	混合气		1989
	直罗					▦			▰	▰	▰				油型气	1972
	刘家庄								▰	▰	▰		煤成气			1976
	胜利井								▰	▰	▰		煤成气			1980
	东胜								▰	▰	▰		煤成气			2010
	柳杨堡								▰	▰	▰		煤成气			2012

图例:□ 煤成气　■ 油型气　◩ 白云岩　▦ 砂岩　▦ 泥岩　▰ 煤层

鄂尔多斯盆地晚古生代沉积初期,华北地块经历了大范围的海侵,使得盆地中部和东部在石炭系本溪组时期发育潮滩相沉积,沉积了一套铁铝质泥岩基底,其上页岩与灰岩互层;二叠系太原组沉积时为大范围潮滩和浅海相环境,盆地北部发育局限三角洲砂体,沉积黑色页岩与石英砂岩、碳酸盐岩及煤层。早二叠世盆地处于三角洲-浅湖环境,盆地北部山西组和下石盒子组沉积了河成三角洲砂岩与泥岩互层,盆地中部和南部由沼泽相和浅湖相泥岩与煤构成,下二叠统在盆地南部还发现了少量海相碳酸盐岩及化石,指示存在小范围的海侵。上二叠系上石盒子组主要沉积滨浅湖相泥岩,地层及生储盖组合情况见图1-8、图1-9。储集层以山西组和下石盒子组三角洲分流河道砂岩为主,在二叠系太原组三角洲相也有少量气显示。上二叠统上石盒子组厚层的浅湖相泥岩沉积构成了上古生界各气田的区域性盖层(Yang et al.,2005)。

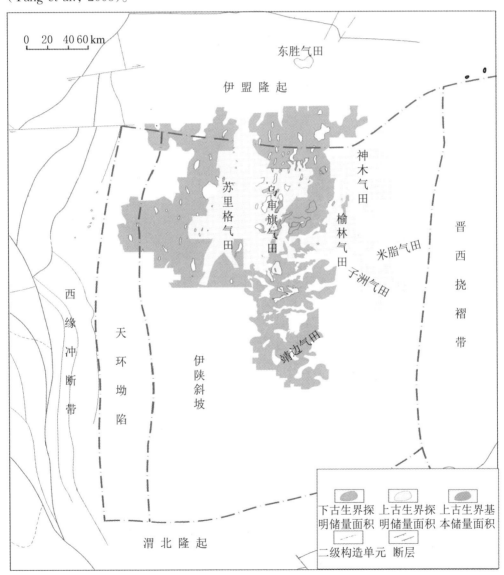

图1-8　鄂尔多斯盆地构造单元划分及气田分布图

据戴金星等(2014)。

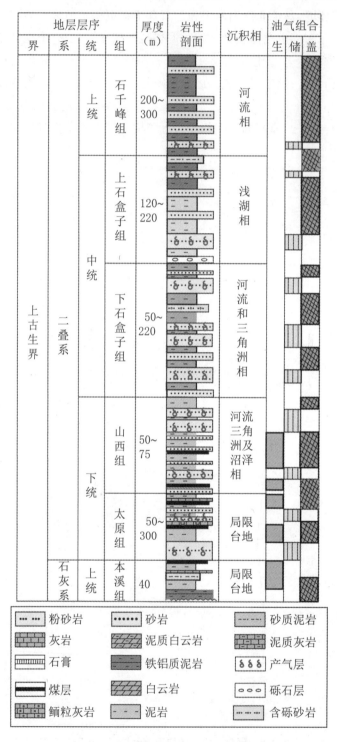

图1-9　鄂尔多斯盆地古生界岩性综合柱状图

据戴金星等（2014）。

鄂尔多斯盆地上古生界主要发育3套烃源岩,分别为煤层、暗色泥岩及海陆过渡相灰岩,东西两侧厚、中部薄。其中,煤层主要发育于石炭系本溪组(C_2b)、二叠系太原组(P_1t)和山西组(P_1s),形成于滨海沼泽、潟湖及湿地沼泽环境。厚度通常为2~20 m,局部地区可达40 m,北部厚南部薄。总有机碳含量为7.08%~83.2%,氯仿沥青"A"平均含量为0.61%~0.80%,总烃平均含量为$1~757.1\times10^{-6}$~$2~539.8\times10^{-6}$。干酪根碳同位素值为$-23‰$~$-26‰$,多数高于$-25‰$,有机质类型为腐殖型,镜质组含量较高、壳质组和无定形组含量较低(戴金星等,2005,2014)。

暗色泥岩主要发育于二叠系太原组和山西组,厚度为20~100 m,盆地西部地区最厚,一般为140~150 m,东部地区次之,一般为70~140 m,中部地区最薄但分布稳定。氯仿沥青"A"平均含量为0.04%~0.12%,总烃平均含量为163.8×10^{-6}~361.6×10^{-6},干酪根碳同位素值为$-22.4‰$~$-26.4‰$,多数高于$-25‰$。其有机质类型亦为腐殖型,无定形组和稳定组分相对富集。

本溪组及山西组灰岩不太发育,灰岩主要发育于二叠系太原组中上部,一般有3~5层,集中分布在神木-靖边-吴旗-富县以东地区,最厚区可达50 m之高。此外,在盆地西部及北部的鄂托克旗-杭锦旗也比较富集,但厚度小于20 m。主要岩性为深灰色生屑泥晶灰岩,氯仿沥青"A"平均含量为0.08%,总烃平均含量为493.2×10^{-6}。有机质类型主要为腐殖-腐泥混合型,无定形组和稳定组分相对富集(刘新社等,2000;李浩等,2015)。

目前,国内学者普遍认为鄂尔多斯盆地古生界天然气中的煤成气主要来自上古生界石炭-二叠系的煤系烃源岩。石炭-二叠系煤系烃源岩总生气量和排气量非常巨大,不同研究者得出的数据也非常接近(陈安定,2002;杨俊杰,2002;傅锁堂等,2003;何自新等,2003;杨华等,2004;戴金星等,2005)。煤系烃源岩为古生界煤成大气田的形成提供了充足的物质基础。

然而,目前对于上述3套烃源岩中的第3套,即上古生界海陆过渡相灰岩能否生烃及生烃的潜力有多大的研究较少,这一套烃源岩无疑被很多学者忽视了。

二、下古生界气源岩研究进展

目前对于下古生界奥陶系马家沟组海相烃源岩已有较多研究,但多数学者仍将研究工作重心放在了如何确定碳酸盐岩作为有效烃源岩的总有机碳含量下限及有机碳含量是否需要恢复这两个问题上(周中毅等,1974;傅家谟等,1984;周树勋等,1998;王兰生等,2003;秦建中等,2004,2005a,2005b;陈安定,2005;陈践发等,2006a,2006b;马永生,2006;彭平安等,2008)。

国外不少学者(Ronov, 1958;Hunt, 1979;Palacas, 1984;Tissot et al., 1984;

Bjolkke，1989；Peters et al.，1994；Katz，1995)认为碳酸盐岩的有机质丰度下限为0.3%。Jarvie 等(1991,1996)认为有机碳含量小于0.5%的是无效烃源岩，有机碳含量大于1.0%的才可能成为有效烃源岩，并根据有机质丰度和热解生烃参数，将海相烃源岩划分为5个等级：差(poor)、一般(fair)、好(good)、很好(very good)、极好(excellent)，并认为生成等量的烃，碳酸盐岩的总有机碳含量仅需泥岩的一半(Jarvie et al.，1991,1996)。

关于碳酸盐岩生烃下限的标准，国内也有大量学者进行了相关的研究。部分学者认为有机质丰度下限为0.11%～0.12%(傅家谟等，1982；陈丕济，1985)。刘宝泉等(1985)通过研究，将碳酸盐岩有机质丰度下限定为0.05%。陈义才等(2002)则认为有机质丰度下限为0.03%～0.06%。梁狄刚等(2000)认为有机碳含量小于0.2%的纯碳酸盐岩无法成为有效源岩，有机质丰度下限应为0.5%。张水昌等(2002)认为岩性不同不是导致其生烃能力差异的关键因素，因此，有机质丰度下限应该沿用0.5%。钟宁宁等(2004a，2004b)通过生烃动力学实验，认为碳酸盐岩烃源岩丰度下限应与泥岩类似，下限0.4%。

除了有机碳丰度下限的问题外，另一个关键问题就是高-过成熟阶段碳酸盐岩的有机碳含量是否需要恢复。部分学者认为地质历史上的生排烃作用会导致有机碳含量的降低，因而对于高-过成熟阶段碳酸盐岩应该进行有机质丰度的恢复，从而提出了一系列恢复方法和计算公式(郝石生，1984，1996；程克明等，1996；秦建中等，2009)。也有不少学者对此提出了质疑(钟宁宁等，1998；梁狄刚等，2000；张水昌等，2002)，认为总有机碳指的是岩石中总有机物的相对含量，地质历史上生排烃作用中导致的有机质绝对总量的减小并不等于相对总量的减少(陈建平等，2012)，只有 I 型干酪根在极其理想的条件下总有机碳含量才会出现较为明显的降低。

三、既往研究中存在的问题

(1) 前期研究者主要把石炭-二叠系海陆过渡相的灰岩当做储集层来研究，然而对于目前这套灰岩是否可以作为天然气的有效烃源岩，其生烃潜力如何的相关研究甚少。本书将系统地讲述这套灰岩为何是古生界中油型气来源的关键。

(2) 下古生界靖边气田天然气的碳同位素值出现了倒转，这是导致靖边气田天然气的来源存在争议的主要原因。导致天然气倒转的原因有很多，究竟哪一种是靖边气田天然气碳同位素倒转的直接原因？这种倒转与古生界油型气之间有何关联？这一问题尚未得到解答。

(3) 之前学者的工作重点大多集中在上古生界石炭-二叠系煤系烃源岩研究

上,也有部分研究涉及下古生界奥陶系马家沟组,但主要聚焦于海相碳酸盐岩的有机碳下限及高-过成熟阶段海相碳酸盐岩的有机碳是否需要恢复这两个问题上。过低的有机碳下限及过高的有机碳恢复系数使得奥陶系马家沟组海相碳酸盐岩成为潜在的烃源岩。这虽然增强了长庆油田"靖边之下再找靖边"的信心,但是,也使得勘探目标宽泛且不明确,导致靖边气田之后,在下古生界鲜有大的突破。

(4)之前的学者对于下古生界奥陶系马家沟组的研究主要集中在盐上部分(马五$_6$段之上),随着勘探开发的深入,有越来越多的井位钻探至马家沟组盐下部分。由于盐上部分与上古生界煤系直接接触,很容易受其影响,这也是导致靖边气田天然气来源存在争议的重要原因。下古生界盐下部分自动屏蔽了上古生界煤系烃源岩的影响,是研究的理想区域,但在之前的研究中鲜有涉及。

第二章　区域地质背景

鄂尔多斯盆地位于华北地块的西部边缘,为我国陆上第二大沉积盆地,具有稳定沉降、拗陷迁移、扭动明显的特征,为一个多旋回克拉通盆地。盆地面积约37×10^4 km²,其中,古生界沉积面积为25×10^4 km²(杨俊杰等,1996)。鄂尔多斯盆地内部构造平缓、沉降稳定、断层不发育(何自新,2003)。

鄂尔多斯盆地油气藏分布呈"南油北气"的特点,即大气田主要分布在盆地的北部地区,而大型油田则主要分布在盆地的南部地区;天然气主要聚集在古生界储层中,而石油则主要聚集在中生界储层中(戴金星等,2005)。

早期,盆地内的勘探开发重心主要以石油为主,我国陆上第一口油井就发现于陕北地区。该区域石油勘探与开发的历史悠久,然而相对于石油来说,对天然气的勘探与开发却较为滞后,直到20世纪90年代,才有一批大气田被相继发现。因此,该盆地天然气的勘探与开发还有较大的潜力(戴金星,2003;马新华,2005;付金华等,2006;郭少斌等,2014)。

鄂尔多斯盆地天然气的勘探与开发主要具有4个明显的特征:一是含气层位较多,既有下古生界奥陶系马家沟组的海相碳酸盐岩储层,也有上古生界的陆相碎屑岩储层。除靖边气田储集在下古生界奥陶系马家沟组风化壳储层之中,其他已发现的气田均储集在上古生界二叠系山西组及下石盒子组陆相碎屑岩储层中。二是天然气成因类型较多,煤成气占绝大部分,还有少量的油田伴生气、煤层气及生物成因气。三是天然气来源较为单一,除靖边气田外,其他大型气田的气源岩均为石炭-二叠系的煤系。四是以岩性地层气藏为主,勘探开发难度较大(席胜利等,2015;郭彦如等,2016;杨华等,2016;魏新善等,2017)。

1970~1980年,受国外掩冲带油气藏开发成功的影响,这一阶段主要寻找大型背斜型构造油气藏,对鄂尔多斯盆地西缘逆冲带构造特征和成藏地质条件有了初步认识(刘友民等,1984;谭试典,1985;汤锡元等,1988;王晓慧等,1996)。这些认识为盆地早期天然气勘探提供了一定的科学基础,然而,这一时期的勘探并未获得较大突破。

"六五"期间,随着戴金星煤成气地质理论的引入(戴金星,1979)及科技攻关项目"煤成气的开发研究"的开展,逐渐认识到鄂尔多斯盆地上古生界石炭-二叠系的煤系具有较强的生气能力。煤成气理论的提出,为接下来鄂尔多斯盆地天然气藏的大规模发现提供了科学理论基础。

"七五"期间,煤成气理论逐渐成熟,并在该理论指导下发现了麒参1井,于是盆地天然气勘探重点由盆地边缘地区开始向盆地中东部地区转移。摆脱了之前寻找大型背斜型构造气藏的错误思路,开始以寻找岩性、地层气藏为主。在这一思路的指导下,探明了镇川堡气田(戴金星等,1986,1988,1990)。

"八五"期间,在煤成气理论和古岩溶理论的双重指导下,逐渐明确了奥陶系马家沟组风化壳岩溶古地貌。在此基础上,预测了在鄂尔多斯盆地中部地区存在大套岩性地层圈闭,发育潜在油气藏。在这一理论的指导下,发现了靖边大气田(杨俊杰等,1992;郑聪斌等,1993;何自新等,2001,2005)。

20世纪90年代中后期,在勘探靖边气田时发现上古生界陆相碎屑岩储层中也存在含气特征,最终发现了榆林、乌审旗和苏里格等一系列上古生界天然气田。在此基础上,随着对东部地区多层含气条件的深入研究,陆续发现了子洲-佳县多层复合气藏(赵登林等,1994;郝石生等,1996;赵庆波等,1998;赵林等,2000;张刘平等,2007)。

目前,鄂尔多斯盆地已成为中国天然气探明储量最多、年产量最大的含油气盆地(戴金星等,2014;马献珍,2017)。其中,下古生界靖边气田累计建井1 600多口,累计生产天然气 913.6×10^8 m³,占长庆油田同期天然气生产总量的近30%,年产气量从1997年的 1.66×10^8 m³,增长到目前的 85×10^8 m³,增长了51倍(张峰等,2017)。

第一节　盆地构造演化特征

根据盆地基底性质及现今构造形态,可将鄂尔多斯盆地划分为以下6个二级构造单元(图2-1)(何自新,2003;李向平等,2006;赵红格等,2006;赵靖舟等,2010;贺小元等,2011;陈全红等,2012;Yang et al.,2005,2008):

(1)伊盟隆起

基底即为一隆起,从中晚元古代开始就处于这种状态,在此后的时间里,各时代地层均表现出向着隆起方向变薄或尖灭的特点。乌兰格尔凸起位于隆起顶部,新生代以后逐渐形成现今的构造面貌。隆起北部奥陶系缺失。

(2)渭北隆起

基底为一隆起,从中晚元古代至早古生代时期一直为一南倾的斜坡,至晚石炭世东西缘逐渐下沉,羊虎沟组沉积在西缘地区,本溪组沉积在东缘地区。在晚古生代-中生代形成隆起。

（3）伊陕斜坡

基岩起伏较小，倾角平缓，无明显背斜。自北而南发育4个重力高带，即刀兔巨型重力高带、麒麟沟巨型重力高带、延长巨型重力高带及富县巨型重力高带，皆为北东-南西向展布，呈雁行状排列。

（4）天环坳陷

总体构造面貌是东翼缓、西翼陡，方向性明显。紧邻冲断带的三角区伴有一系列压扭性半背斜，如鸳鸯湖、郭庄子、张山、大东等。

（5）晋西挠褶带

区域构造东部翘起西部倾伏，离石地区北部主要出露奥陶系；离石地区南部主要出露二叠系、三叠系。南段的南部地层走向为NE或NNE，向西或西北缓倾。北部的离石、柳林一带为东西走向的大型鼻状隆起。

（6）西缘冲断带

北起桌子山、南达平凉地区。加里东期微弱褶皱，燕山期强烈冲掩，其二级构造主要由5个冲断席组成。

鄂尔多斯盆地构造演化共经历了以下6个阶段（图2-1）（杨俊杰等，1996）：

（1）太古代-早元古代基底形成阶段

太古界和下元古界下部的结晶岩及下元古界上部的褶皱岩构成了基底的上、下两部分，早元古代早期的五台运动和早元古代晚期的吕梁-中条运动对盆地基底的形成起到了重要的作用。

（2）中晚元古代坳拉槽发育阶段

此时形成了贺兰坳拉槽和彬县-临县坳拉槽，两者之间为乌审旗-庆阳槽间台地。

（3）早古生代克拉通坳陷阶段

寒武纪的构造面貌继承了中、晚元古代的构造格局，北部地区高、南部地区低，后者是在新的构造体控制下的构造变形。奥陶纪初期，由于整体抬升导致海水退缩，冶里组-亮甲山组分布在古陆四周。

（4）晚古生代-早、中三叠世

石炭纪基本保留了早古生代的构造格局，南北地区隆起、东西地区凹陷，中部地区为一鞍部。二叠系以后形成统一的克拉通坳陷。

（5）晚三叠世-白垩纪

印支运动使得鄂尔多斯盆地由海相、海陆过渡相逐步过渡为陆相。三叠世之后，鄂尔多斯盆地进入了陆相沉积体系。燕山期盆地构造活动最为强烈，盆地边缘地带开始形成褶皱冲断带、逆冲推覆镶边带。

（6）新生代

新生代之后，东亚地区太平洋边缘地带海盆的扩张及印度板块对欧亚板块的碰撞造山作用,使得盆地及边缘地区表现出总体张性、局部挤压性的构造环境。

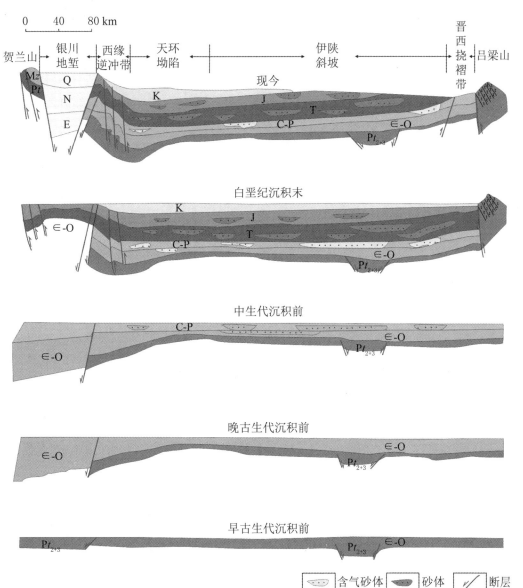

图2-1 鄂尔多斯盆地构造演化图

据戴金星等(2014)。

第二节　盆地古生代沉积特征

　　鄂尔多斯盆地早古生代整体为海相沉积,在盆地西部、南部和东部地区广泛出露,厚度一般为1 000 m,最厚可超过2 000 m,盆地本部被晚古生代、中生代和新生代的地层所覆盖。下古生界只发育寒武系和奥陶系地层,缺失志留系地层(图2-2)。寒武系和奥陶系主体为连续沉积。中东部地区以碳酸盐岩台地沉积为主,西缘为较深水海槽沉积,局部地区保存有中-晚奥陶世石灰岩、泥页岩地层(朱筱敏等,2002;张晓莉,2005;赵虹等,2006;罗静兰等,2010)。

一、早古生代

(一)寒武系

　　鄂尔多斯盆地下寒武统缺失,下寒武统毛庄组、中寒武统徐庄组和张夏组出露较为完整,只有在伊盟和吕梁地区缺失,上寒武统则在伊盟和庆阳地区缺失。苏峪口组仅分布在西南缘,岩性为长石石英砂岩、含砂质白云岩等。馒头组主要分布在盆地西部和南部,厚度不超过百米。西部地区岩性主要为石英砂岩、砂质白云岩、鲕粒白云岩及泥质白云岩。南部地区岩性主要为泥质白云岩、页岩及石灰岩。

　　中寒武统主要包括毛庄组、徐庄组和张夏组。毛庄期海侵由西南部地区进一步向中部地区推进,东部地区也受到海侵,沉积相主要为泥坪、泥砂坪和砂泥坪,沉积物以陆源碎屑为主,岩性主要为砂岩、泥页岩、泥灰岩、砂质灰岩。徐庄期海侵范围继续扩大,除伊盟、吕梁两个地区为古陆外,鄂尔多斯盆地其他地区均被海水淹没,沉积相为含砂泥坪和泥坪,岩性主要为砂岩、页岩等。张夏期海侵范围继续扩大,海水加深,古陆范围进一步缩小,此时,沉积相主要为开阔的浅水沉积环境,岩性主要为鲕粒灰岩。

　　上寒武统目前只有在桌子山、贺兰山、河津和清水河等剖面可划分出崮山组、长山组和凤山组三个组,在其余地区均不能详细划分。

地层层序				厚度(m)	岩性剖面	岩性描述	总有机碳含量(%)				油气组合		
界	系	统	组	代号				0.010.10.5 1　10　100				生	储	盖
上古生界	二叠系	上统	石千峰组	P_3s	200~300		上部：泥岩夹中~厚层砂岩；下部：厚层灰色砂岩夹暗紫色泥岩							
		中统	上石盒子组	P_2sh	120~220		黄绿色及紫色泥岩，粉砂岩夹砂岩，底部有砾岩层							
			下石盒子组	P_2x	50~220		含砾石粗~中粒砂岩、灰绿色石英质砂屑和灰~绿色泥岩夹层							
		下统	山西组	P_1s	50~75		细~粗粒浅灰色砂岩夹泥岩和煤层							
			太原组	P_1t	50~300		上部：灰岩和薄煤层；下部：以砂岩为主，含有煤层及灰岩透镜体							
	石炭系	上统	本溪组	C_2b	40		泥岩、粉砂质泥岩，夹有薄煤层和灰岩透镜体，底部有铝质黏土							
	奥陶系	下统	马家沟组	O_1m	400~600		从底到顶共分为5段(5)泥质云岩夹石膏层；(4)灰岩；(3)泥质云岩夹石膏层；(2)灰岩；(1)泥质云岩，含石膏云岩以及粉砂岩夹层							
下古生界	寒武系	上统	ϵ_3	ϵ_3fg	100+		灰色层状，含石膏细粒结晶白云岩							
		中统	张夏组	ϵ_2zh	50~150		鲕粒泥质灰岩和白云岩							
			徐庄组	ϵ_2x	100~200		灰绿色页岩、细粒砂岩和粉砂岩、灰岩和白云岩							
			毛庄组	ϵ_2m	200~		上部：紫红色页岩夹泥灰岩、生物碎屑灰岩；下部：白云岩、泥质白云岩							

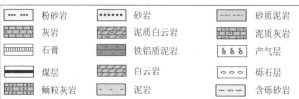

粉砂岩	砂岩		砂质泥岩
灰岩	泥质白云岩		泥质灰岩
石膏	铁铝质泥岩		产气层
煤层	白云岩		砾石层
鲕粒灰岩	泥岩		含砾砂岩

图2-2　鄂尔多斯盆地古生界综合柱状图

据Dai et al.(2005)修改。

（二）奥陶系

受到太康运动影响,鄂尔多斯盆地在寒武纪末期抬升为陆地,奥陶系平行不整合沉积于寒武系之上。由老到新依次由冶里组(O_1y)、亮甲山组(O_1l)、马家沟组(O_1m)、平凉组(O_2p)及背锅山组(O_3b)构成。

冶里组分布范围较为局限,岩性主要为泥质白云岩、白云岩、含燧石白云岩,与下伏风山组为连续沉积。亮甲山组分布范围类似于冶里组,岩性也与冶里组基本相同。由于受怀远运动的影响,亮甲山组遭受了不同程度的风化与剥蚀,北部地区厚度明显大于南部地区。马家沟组是鄂尔多斯盆地中东部地区奥陶系仅剩的沉积层,隆起部位因尖灭或剥蚀而缺失,其余地区一般厚数百米。马家沟组沉积期经历了多期海进和海退过程。马家沟组岩溶风化壳构成了下古生界靖边气田的主要储集层。平凉组在盆地西部地区广泛发育,相当于乌拉力克组和拉什仲组,岩性主要为页岩、泥岩、粉砂岩及泥晶石灰岩。上奥陶统包括背锅山组,分布范围较小,主要分布在南部地区的陇县、岐山、泾阳、耀县,西部地区的固原,北部地区的乌拉特前旗大余太一带。

二、晚古生代

（一）晚石炭世

晚石炭世海水由东西两侧侵入,西侧早于东侧,在西侧沉积了靖远组,在东侧沉积了本溪组。西部地区沉积厚度明显大于东部地区,西部地区岩性也明显比东部地区复杂。

靖远组岩性主要为页岩夹石英砂岩、薄层碳酸盐岩及煤线。本溪组主要为滨-浅海沉积,岩性主要为碎屑岩夹薄层生物灰岩及薄煤层,厚20～30 m,底部部分地区存在铁铝质泥岩。

（二）二叠系

海西旋回末期,华北地台抬升,海水从盆地两侧逐渐退去,古地貌和古气候发生了巨变。二叠纪后期气候逐渐变干,全区开始转入以陆相红层为主的沉积阶段。山西组沉积相南北分带,北部为河流相,中部为湖沼相,沿湖岸广泛发育三角洲沉积,岩性为砂泥岩夹煤层。

二叠系太原组是盆地最后一次海侵高潮时的沉积,盆地东北部为滨海沼泽,中东部为浅海沉积,岩性为泥岩、砂岩及石灰岩互层,并夹有煤层。盆地西部为障壁岛潟湖沉积体系,北部潟湖面积缩小,以潮坪含煤沉积为主,南部水体扩大,以潟湖含煤沉积为主,煤层薄面层数较多。

早二叠世晚期(下石盒子组),气候逐渐变为干热,高等植物大量减少,形成一套陆相碎屑岩沉积。北部物源区不断抬升,河流逐步向南推进。岩性主要为泥岩和薄层砂岩互层,煤层不发育。

晚二叠世早期(上石盒子组),主要为滨浅湖沉积,厚度为150~240 m。岩性以泥岩、粉细砂岩为主,并发育冲积扇夹层。

晚二叠世晚期(石千峰组),整个盆地逐渐转变为泛滥盆地,发育了一套砂泥岩互层沉积,岩性混杂,粒序不清,属洪泛湖间歇沉积,是古生界重要的区域盖层。

第三节 储 盖 组 合

鄂尔多斯盆地古生界主要存在两套储集层:下古生界奥陶系马家沟组海相碳酸盐岩储层及上古生界石炭-二叠系陆相碎屑岩储层。其中,下古生界海相碳酸盐岩储层主要分布在鄂尔多斯盆地的中东部地区,以风化壳岩溶储集层为主,靖西地区则主要以白云岩作为储层,盆地西部和南部发育少量经后期改造的灰岩及白云岩储层(图2-3);上古生界的陆相碎屑岩储层在平面上大面积分布,纵向上多层砂体叠置,厚度为30~100 m,盆地西部地区主要发育石英砂岩储集层,东部地区则主要发育石英砂岩、岩屑砂岩储集层(付金华等,2000;胡朝元等,2010;赵靖舟等,2012;曹青等,2013)。

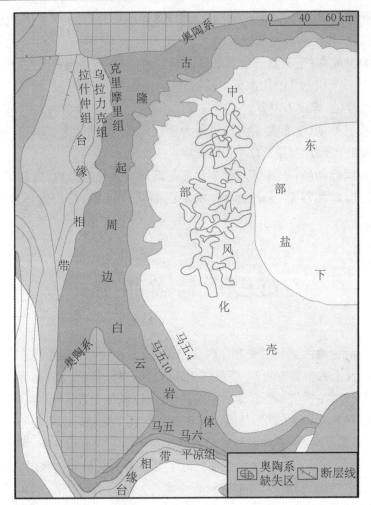

图 2-3　鄂尔多斯盆地奥陶系储集层平面分布特征图

据杨华等(2011)。

不同于石油,天然气分子较小,更容易扩散损失。因此,盖层是天然气成藏过程中非常重要的因素,它直接影响到天然气藏的形成、保存及规模。鄂尔多斯盆地天然气资源丰富得益于相当好的盖层条件。

石炭系本溪组底部的铁铝质泥岩构成了马家沟组气藏的直接盖层,此外,二叠系太原组二段和本溪组的泥质岩类本身具备一定的生烃能力,也可以对下伏气藏提供烃浓度封闭。上古生界石盒子组和石千峰组的大套湖相泥岩沉积构成了上古生界气藏的区域性盖层,这套盖层为一套以湖相沉积为主的碎屑岩沉积,泥质岩厚度占80%以上,厚度普遍超过100 m,既可以作为物性封闭又可以作为超压封闭(图2-4)。马家沟组马五$_6$段膏盐岩分布范围广,封盖能力强,可以构成盐下部分的直接盖层。

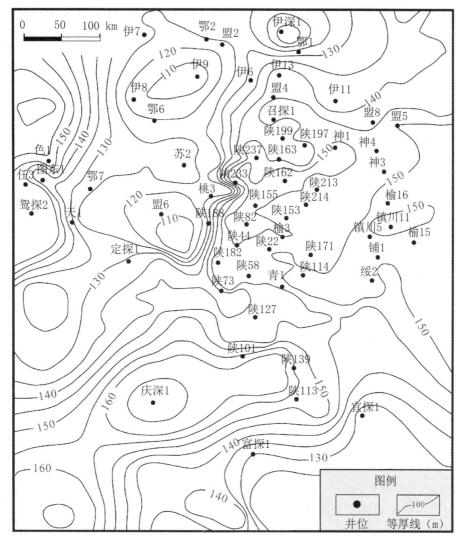

图 2-4 鄂尔多斯盆地二叠系上石盒子组湖相泥岩厚度分布图

第三章　上古生界灰岩生烃潜力评价

鄂尔多斯盆地上古生界主要存在3套烃源岩,从岩性角度来说,分别是煤岩、暗色泥岩及灰岩。从沉积时代角度来说,分别是石炭系本溪组(C_2b)、二叠系太原组(P_1t)和山西组(P_1s)。煤岩、暗色泥岩及灰岩在鄂尔多斯盆地具有东、西部较厚,中部薄而稳定的特点。煤系烃源岩(包括煤层及暗色泥岩)广覆式分布:一般煤层厚10～15 m,局部地区可达40 m。暗色泥岩累计厚度超过200 m,中东部地区厚度一般为70～130 m,南北部地区厚度为25～55 m(戴金星等,2003)。这套煤系烃源岩有机碳含量高:平均总有机碳含量煤层为60%,暗色泥岩为2%～4%。有机质类型为偏向生成天然气的Ⅲ型干酪根。鄂尔多斯盆地中央部分,煤系生气强度为20×10^8 m³/km²,最高可达50×10^8 m³/km²(Dai et al., 1997;夏新宇,2000;杨俊杰,2002),煤系具备强大的生烃能力,这一点已经被学术界公认(戴金星等,2003,2005,2014;李贤庆等,2008;黄士鹏等,2014;杨华等,2014)。煤系(包括煤层及暗色泥岩)是鄂尔多斯盆地上古生界煤成气的主力气源岩。

然而,之前的研究均将二叠系灰岩视为储集层,极少将其视为潜在的烃源岩。系统地评价二叠系灰岩的生烃能力显得迫切而又必要。本章从有机质丰度、有机质类型及有机质成熟度三个方面系统地评价了这套灰岩的实际生烃能力。总有机碳和岩石热解测定实验使用的仪器分别为LECO CS-230碳硫分析仪和ROCK-EVAL6热解仪,执行标准分别为GB/T 19145－2003及GB/T 18602－2012。在热解实验中,需要将烃源岩在300 ℃下恒温3 min,由此得到S_1,然后在300～800 ℃下,以25 ℃/min的升温速率程序,升温分析得到S_2。氯仿沥青"A"采用棒式色谱分析仪(MK-6S),温度为18 ℃,湿度为10%,执行标准为SY/T 5118－2005及SY/T 5119－2008。

岩石有机质元素分析采用的仪器为Vario Micro Cube,分析C、H、N元素采用的载气为He,氧化炉温度为950 ℃,还原炉温度为500 ℃,分析O元素采用的载气为N_2/H_2,裂解温度为$1\,140 \pm 10$ ℃。干酪根稳定碳同位素使用的仪器为Thermo Delta V Advantage,运用Flash EA-ConFlo-IRMS方法测定,反应炉温度为980 ℃,色谱柱温度为50 ℃,载气流量为300 mL/min,吹扫气流量为200 mL/min,注氧量为175 mL/min,离子源真空度为1.2×10^{-6} mBar,离子源电压为3.07 kV。分析干酪根显微组分采用的仪器为 Axiophot 型透光−荧光高级生物显微镜,执行标准为 SY/T 5125−2014。

热成熟度以镜质体反射率表示,测定镜质体反射率(Ro)采用 ZEISS &MSP200 型显微光度计,检测条件为室温 23 ℃,湿度 60%,执行标准为 GB/T 6948−2008。

第一节　上古生界灰岩概况

除了已经被公认的煤系烃源岩外,鄂尔多斯盆地上古生界还存在着灰岩,这套灰岩之前一直被当做储集层来研究(魏新善等,2005;王宝清等,2006;席胜利等,2009;付锁堂等,2010;柳娜等,2015)。然而,这套灰岩的孔隙度为 0.09%～3.52%,平均值为 0.78%;渗透率为 $0.003 \times 10^{-3} \sim 1.8 \times 10^{-3} \ \mu m^2$,平均值为 $0.077 \times 10^{-3} \ \mu m^2$(图3-1),孔喉连通性相对较差(图3-2)。如果将其视为储层的话,显然其基质孔隙度、渗透率均过小。由此可见,这套灰岩物性较差,如果作为储集层的话,需要采用压裂和酸化的技术手段进行开采。

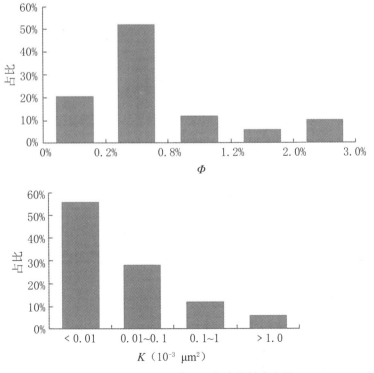

图3-1　鄂尔多斯盆地上古生界灰岩物性直方图

　　之前很少有学者把这套灰岩当做潜在烃源岩来研究,从而导致这套海陆过渡相灰岩的生烃能力可能被忽略了。由于这套灰岩为海陆过渡相,因此,有可能生成以油型气为主的天然气,然后再与上古生界煤系烃源岩生成的煤成气混合,从而导致下古生界靖边气田天然气的地球化学特征出现异常,进而导致对其来源及成因类型的判断存在巨大的争议。毫无疑问,厘清这套灰岩的生烃潜力问题,是解开下古生界油型气来源的一把钥匙。

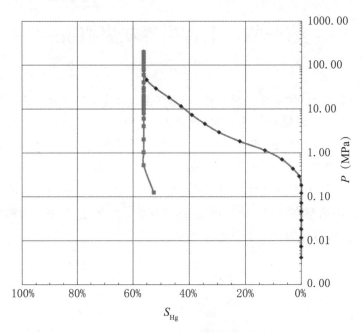

图3-2　Y-36井灰岩储层压汞曲线特征

　　这套灰岩主要分布在石炭系本溪组、二叠系太原组及山西组。但是,灰岩在石炭系本溪组和二叠系山西组均不太发育,厚度为2～5 m,其主要发育于二叠系太原组的中、上部,集中分布于鄂尔多斯盆地的中东部地区(分布在安塞-佳县-横山组成的倒三角形区域);较厚地带主要分布于榆36井至榆11井一带,厚35～45 m,向南、北逐渐减薄直至缺失,一般有3～5层(图3-3(a)),层厚多为10～35 m,最厚地区可达50 m(图3-3(b))。

　　鄂尔多斯盆地上古生界灰岩岩性复杂多变,存在陆相及海相的频繁互层,因此地层对比十分困难。由于其本身变化较为复杂,再加上学术界对其重视程度不够,故至今研究较少,从而导致了对其虽然争议较大但可供查阅的文献资料却不多的现状。

　　石炭-二叠系下部的太原组为海陆过渡相沉积,下伏地层为石炭系本溪组晋祠段石英砂岩及9号煤层,上覆地层为二叠系山西组北岔沟段石英杂砂岩及5号煤层。太原组发育碎屑岩型、灰岩型及两者互层型的组合关系,由于频繁的水进、水退,因此碎屑岩与灰岩互层型组合广泛分布。沉积相主要为碳酸盐岩潮坪相、浅水三角洲相及障壁砂坝-潟湖潮坪相。平面上,由北向南,逐渐由陆相碎屑岩沉积过渡为海相碳酸盐岩沉积,泥质含量逐渐降低,灰质含量逐渐升高的特点,表明水体存在周期性的加深、变浅或陆源碎屑供给存在间断的特征(兰朝利等,2011)。

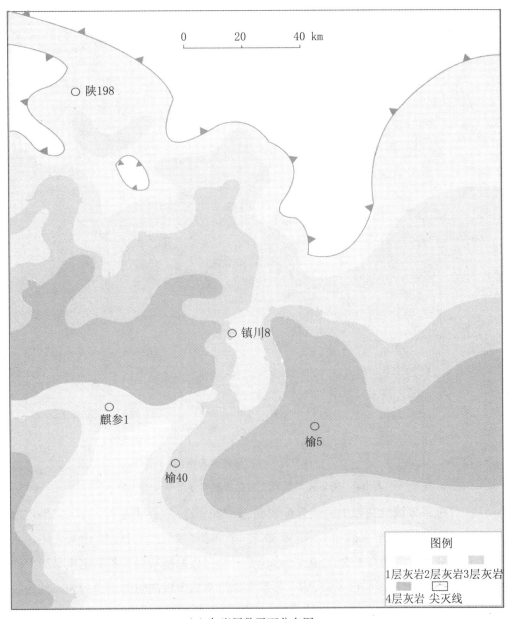

（a）灰岩层数平面分布图

图3-3　鄂尔多斯盆地上古生界灰岩分布平面图

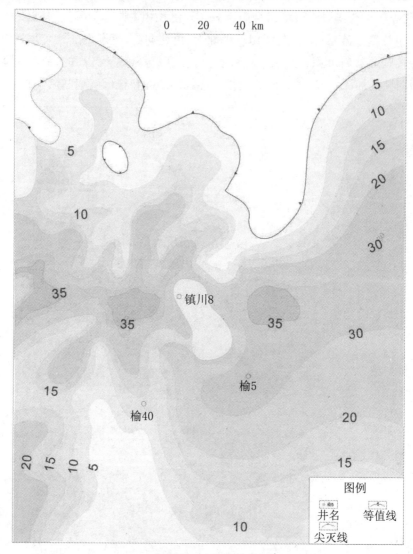

（b）灰岩厚度平面分布图

图3-3　鄂尔多斯盆地上古生界灰岩分布平面图(续)

二叠系太原组灰岩中泥质含量较高,灰岩中泥质含量可达5%～20%,平均值为11.4%,集中分布在榆林市-佳县-临县-子洲县连线上,其中,太$_1$段灰岩中泥质含量及分布范围稍高于太$_2$段灰岩,这也是二叠系太原组灰岩具备一定生烃潜力的重要物质基础(图3-4,图3-5),即二叠系太原组灰岩中较高的泥质含量为天然气的生成提供了条件。

二叠系太原组沉积时期,鄂尔多斯盆地主要发育4次海侵过程,与此相对应,形成了4套灰岩(庞军刚等,2007;沈玉林等,2009;谭晨曦等,2010)。二叠系太原组自下而上可依次划分为庙沟段(太$_2^2$)、毛儿沟段(太$_2^1$)、斜道段(太$_1$)和东大窑段(太$_1$)。其中,太$_1$段与太$_2$段为陆相碎屑砂岩或海相灰岩直接沉积于煤层之上,表明为障壁砂坝或潟湖沉积环境(图3-6)。

庙沟段位于8号煤层之下,主要为庙沟灰岩与桥头砂岩互层,桥头砂岩是二叠系太原组最重要的砂体,也是天然气的主力产层之一(席胜利等,2009)。毛儿沟段位于7号煤层之下,主要为毛儿沟灰岩与马兰砂岩互层,马兰砂岩形成于毛儿沟期海退的背景之下。斜道段位于6号煤层之下,主要为斜道灰岩与七里沟砂岩互层,七里沟砂岩主要形成于斜道期海平面下降过程中。东大窑段主要位于二叠系山西组北岔沟段砂岩之下,为东大窑灰岩与海相泥岩互层沉积。其中,庙沟段灰岩分布范围最为局限,仅分布在鄂尔多斯盆地南部地区。而毛儿沟段灰岩及斜道段灰岩分布范围最广,显示了两次最大范围的海侵事件。东大窑段灰岩分布范围逐渐变小,表明海水逐渐向东南方向退去。

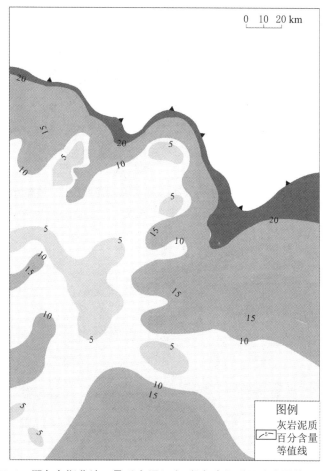

图3-4　鄂尔多斯盆地二叠系太原组太$_1$段灰岩泥质百分含量等值线图

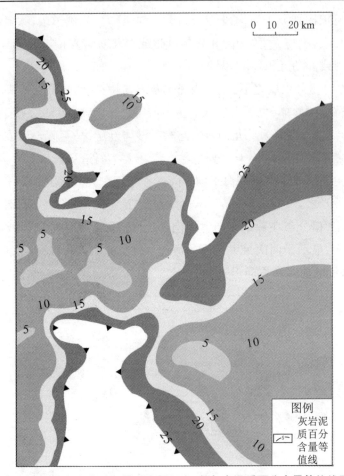

图3-5 鄂尔多斯盆地二叠系太原组太$_2$段灰岩泥质百分含量等值线图

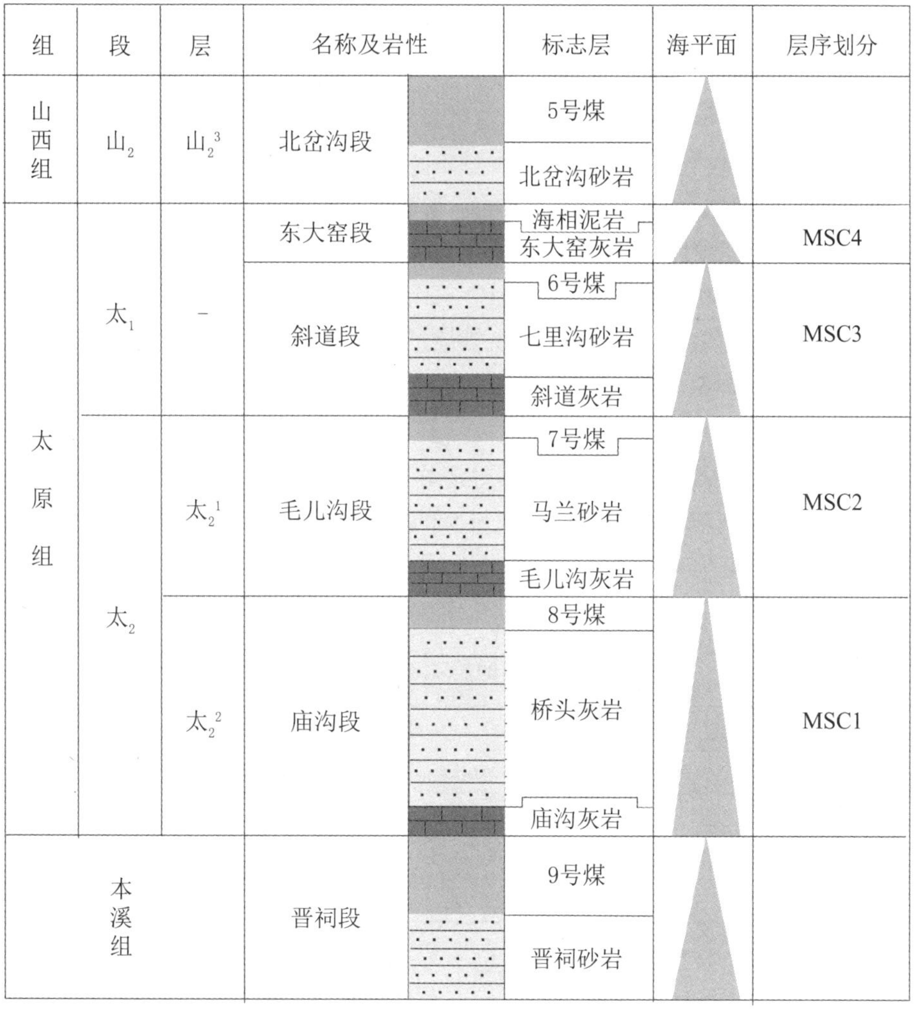

组	段	层	名称及岩性	标志层	海平面	层序划分
山西组	山₂	山₂³	北岔沟段	5号煤		
				北岔沟砂岩		
太原组	太₁	—	东大窑段	海相泥岩 东大窑灰岩		MSC4
			斜道段	6号煤		MSC3
				七里沟砂岩		
				斜道灰岩		
	太₂	太₂¹	毛儿沟段	7号煤		MSC2
				马兰砂岩		
				毛儿沟灰岩		
		太₂²	庙沟段	8号煤		MSC1
				桥头灰岩		
				庙沟灰岩		
本溪组			晋祠段	9号煤		
				晋祠砂岩		

图3-6　二叠系太原组地层综合柱状图

第二节　有机质丰度

有机质丰度指的是单位重量烃源岩中有机质的百分含量,是烃源岩评价的重要参数之一,它代表着烃源岩生烃能力的强弱(陈建平等,1997;刘云田等,2007)。目前,常用的评价指标包括:总有机碳含量、热解生烃潜力量(PG,S_1+S_2)、总烃含量(HC)及氯仿沥青"A"含量(EOM)。不少学者认为地质历史上的生排烃作用会引发有机碳含量减小,因而高-过成熟阶段的碳酸盐岩需要进行有机碳丰度的恢复,并提出了一系列计算公式。根据这些计算公式,很多生烃能力较差的烃源岩也能被恢复为中等甚至较好的烃源岩(郝石生,1984;秦建中等,2007)。

总有机碳含量指的是单位质量岩石中有机碳的含量,不包含碳酸盐岩、石墨中的无机碳,它是岩石中总有机物的相对含量,而非岩石中总有机物的绝对含量。因此,地质历史中的生排烃过程导致的有机质绝对总量的减少并不等同于相对总量的减少。且钟宁宁等(2004b)通过模拟实验证实,只有有机质类型较好的Ⅰ型干酪根在生排烃效率极高的理想条件下,总有机碳含量才会出现较为显著的降低;而以Ⅱ型及Ⅲ型有机质为主的烃源岩,在生排烃过程中有机碳含量变化不大,无需进行总有机碳含量的恢复。本书在评价鄂尔多斯盆地上古生界灰岩烃源岩生烃潜力时,也不进行有机质丰度的恢复。

许多国内外学者对海相碳酸盐岩烃源岩的评价标准进行了大量研究,但目前仍未达成共识。现根据鄂尔多斯盆地特殊的地质条件,并结合国内塔里木盆地碳酸盐岩评价标准及国外烃源岩划分标准,综合制定以下碳酸盐岩评价标准(表3-1)(Peters,1986;Klemme et al.,1991;赵孟军等,1995)。

表3-1　海相碳酸盐岩烃源岩评价标准

烃源岩级别	总有机碳含量	S_1+S_2(mg/g)	氯仿沥青"A"含量	总烃(μg/g)
好	≥0.40%	≥0.30	>0.03%	600~1200
中	0.20%~0.40%	0.10~0.30	0.02%~0.03%	300~600
差	0.10%~0.20%	0.06~0.10	0.01%~0.02%	100~300
非	<0.10%	<0.06	<0.01%	<100

石炭系本溪组及二叠系山西组中也含有部分海陆过渡相灰岩,但是厚度薄、分布范围较小。为了确保研究的全面性和准确性(因为即使是厚度较薄、分布范围较小的烃源岩,如果有机质丰度极大、类型极好的话,也可能产生足量的天然气,即具备形成"小而肥"的天然气藏的潜力),在重点研究二叠系太原组的同时,也对石炭系本溪组及二叠系山西组中的海陆过渡相灰岩进行了综合分析。

实验结果表明:鄂尔多斯盆地上古生界二叠系山西组灰岩样品中,总有机碳含量为0.03%~0.17%,平均值为0.07%,氢指数为40.70~112.36 mg/g,平均值为72.95 mg/g,生烃潜量为0.03~0.11 mg/g,平均值为0.06 mg/g,综合评价为差的烃源岩。在石炭系本溪组灰岩样品中,总有机碳含量为0.08%~0.37%,平均为0.16%,氢指数为13.44~52.56 mg/g,平均值为34.35 mg/g,生烃潜量为0.04~0.07 mg/g,平均值为0.06 mg/g,综合评价为差~一般的烃源岩。二叠系太原组灰岩样品,总有机碳含量变化较大,为0.05%~4.21%,平均值为0.61%,其氢指数为12.37~128.34 mg/g,平均值为43.49 mg/g,生烃潜量为0.02~1.51 mg/g,平均值为0.23 mg/g,综合评价为一般～好的烃源岩(图3-7)。

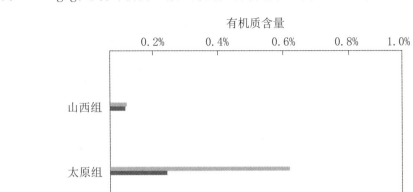

图3-7　鄂尔多斯盆地上古生界灰岩有机质丰度分布图

由于碳酸盐岩对烃类的吸附作用远低于泥页岩,因此,排烃效率高于泥岩,且碳酸盐对干酪根生烃催化作用较强,其生烃效率高于泥页岩(秦建中等,2006)。目前,学术界公认为Ⅰ-Ⅱ₁型泥页岩的有机碳下限为0.3%～0.5%,此处的0.3%～0.5%约等于原始有机碳,即烃源岩处于生油阶段时的下限值。而鄂尔多斯盆地上古生界灰岩大多处于成熟～高成熟阶段,且气源岩的下限值比生油岩更低,因此,其烃源岩有机碳下限理应更低。

根据上述论断,从有机质丰度指标来看,在鄂尔多斯盆地上古生界海陆过渡相灰岩中,石炭系本溪组与二叠系山西组有机质丰度较低,不能作为有效的烃源岩;而二叠系太原组的灰岩,有机质丰度相对较高,加之其处于高成熟阶段,因此,可以认为是潜在的天然气的有效气源岩。

第三节　有机质类型

不同沉积环境中有机质的来源、组成和结构各异,因此,其生烃潜力的大小和生烃类型存在明显不同。仅评价有机质丰度指标是不够准确和全面的,还必须对有机质的类型进行准确评价。有机质类型是决定最终成烃产物是以油为主还是以气为主的关键因素。常用的有机质类型划分方法包括：干酪根元素组成、干酪根显微组分组成、烃源岩热解参数、干酪根稳定碳同位素组成、可溶沥青特征等(涂建琪等,1998)。

一、反映母质来源的参数

通常可以采用干酪根镜下显微组分、干酪根稳定碳同位素等反映母质的来源。

(一)干酪根显微组分

烃源岩的有机显微组分特征受成熟度影响较小,在成熟度较高的地区是良好的有机质类型判别指标。主要的有机显微组分包括:腐泥组、壳质组、镜质组及惰质组。其中,腐泥组是最具有生烃潜力的显微组分,主要来源于藻类及疑源类等低等水生生物,在后期经过腐泥化或沥青化作用形成,可细分为藻类体及无定型体。壳质组主要来源于陆相高等植物的孢子、花粉和角质层等器官及植物组织分泌物,可细分为角质体、树脂体、孢粉体及木栓质体。镜质组主要来源于陆相高等植物中的木质素和纤维素,是天然气和腐殖型煤的重要生成母质,可细分为结构镜质体、无结构镜质体及碎屑镜质体三大类。惰质组主要来源于陆相高等植物的木质素和纤维素经丝炭化作用所形成的产物,富碳贫氢,仅能生成痕量的天然气。沉积岩中的干酪根不可能仅由上述4种组分中的某一种组成,形成于不同沉积环境中的沉积岩会以某一种组分为主,以其他几种组分为辅。这种主要组分的类型反映了沉积岩形成时的沉积环境。

对上古生界灰岩烃源岩有机质显微组分的分析表明,本溪组样品全部落入了镜质组-惰性组范围内,表现为典型的腐殖型特征。山西组仅有少量样品含有较高的腐泥型组分,大部分干酪根以腐殖型为主。二叠系太原组灰岩干酪根中,部分样品含有较多的腐泥型组分,同时也有部分样品含有较多的镜质组-惰性组组分,有机质类型属于腐殖-腐泥型(图3-8)。

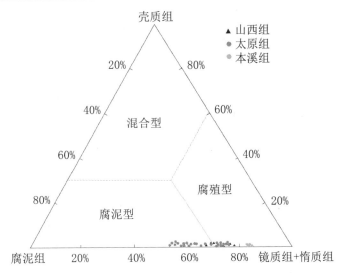

图3-8　鄂尔多斯盆地上古生界灰岩烃源岩有机显微组分特征

（二）干酪根碳同位素（δ_{13_C}）组成

不同母质来源、不同沉积环境中的生物具有完全不同的稳定碳同位素组成（δ_{13_C}）。水生生物比陆生生物更加富集轻的碳同位素，类脂化合物比其他组分更加富集轻碳同位素。所以，来源于水生生物及富含类脂化合物的沉积岩一般由具有较轻碳同位素的干酪根组成，是有利的有机质类型。

干酪根稳定碳同位素受成熟度影响较小，热演化期间的同位素分馏效应对碳同位素组成的影响也较小。因此，干酪根稳定碳同位素可以作为有机质类型划分的可靠指标。研究表明，高等植物来源的有机质往往比低等水生生物来源的有机质更加富含重的碳同位素。

典型的藻类腐泥型Ⅰ型干酪根的δ_{13_C}值为$-28‰\sim-30‰$；Ⅱ型干酪根δ_{13_C}值为$-25‰\sim-28‰$，陆相高等植物来源的Ⅲ型干酪根，稳定碳同位素值最重，为$-20‰\sim-25‰$，一般不重于$-25‰$。高等植物来源的腐殖型干酪根比低等生物来源的腐泥型干酪根更富含重碳同位素（黄第藩等，1984）。据此标准，石炭系本溪组有机质类型主要为Ⅲ型，二叠系太原组主要为Ⅱ-Ⅲ型，而二叠系山西组主要以Ⅲ型为主，同时混有少量的Ⅱ型干酪根（图3-9）。

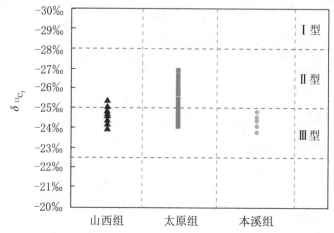

图3-9   鄂尔多斯盆地上古生界灰岩烃源岩干酪根碳同位素分布特征

二、反映生烃能力的参数

（一）岩石热解特征

岩石热解技术由于其快速、经济的优点,目前已经成为国内外用来划分有机质类型的重要方法。岩石热解实验的原理是在开放体系下,通过快速升温,以模拟干酪根热降解生烃的过程,由此获得的各项参数可以用来划分有机质的成因类型(郝芳等,1993;文志刚等,2004;吉利明等,2007;秦建中等,2008;梁世友等,2009;方朝刚等,2012;翁凯等,2012;熊德明等,2014)。常用的热解参数包括:氢指数(I_H)、氧指数(I_O)、类型指数(S_2/S_3)、最大热解温度(T_{max})等。

通过岩石热解实验所得的氢指数和氧指数可以用来确定有机质的类型,这种方法与根据元素比(H/C与O/C)划分干酪根类型的方法类似。鄂尔多斯盆地上古生界二叠系山西组灰岩氢指数分布范围相对集中,均小于150 mg/g,分布在41～112 mg/g,平均值为73 mg/g;氧指数的分布范围较大,为140～1 277 mg/g,平均值为530 mg/g。据此判断,山西组灰岩有机质类型以Ⅲ型为主,同时混有少量的Ⅱ$_2$型。石炭系本溪组灰岩氢指数较小,为13～53 mg/g,平均值为34 mg/g;氧指数也明显小于山西组,为99～565 mg/g,平均值为345 mg/g。据此判断,本溪组灰岩有机质类型主要为Ⅲ型。二叠系太原组灰岩氢指数为12～128 mg/g,平均值为43 mg/g,与山西组和本溪组明显不同;二叠系太原组氧指数分布范围相对集中,为9～264 mg/g,平均值为87 mg/g。据此判断,二叠系太原组灰岩有机质类型主要为Ⅱ$_2$-Ⅲ型(图3-10)。

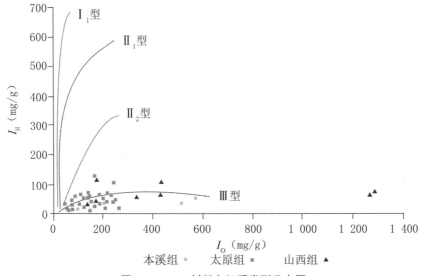

图3-10　I_O-I_H判断有机质类型分布图

上述有机质类型的划分是以氢指数为主而且着重强调了演化途径的,可能会存在判识有机质类型的盲区。根据岩石热解参数S_2/S_3与氢指数和氧指数之间的相互关系编制的干酪根热解分类图解可以较好地解决上述问题(黄第藩等,1982)(图3-11)。

根据X形图版,石炭系本溪组有机质类型主要为生气的标准腐殖型(Ⅲ$_2$)。二叠系山西组有机质类型为腐殖型Ⅲ型(标准腐殖型Ⅲ$_2$与含腐泥腐殖型Ⅲ$_1$)与腐殖腐泥型(Ⅱ)均有分布,但以腐殖型Ⅲ型为主。二叠系太原组有机质类型主要为腐殖型Ⅲ型(标准腐殖型Ⅲ$_2$与含腐泥腐殖型Ⅲ$_1$)和腐殖腐泥型(Ⅱ)。显然,根据X形图版判断的结果,与上述根据氢指数、氧指数及T_{max}判断的结果基本一致。

（二）干酪根元素比

虽然干酪根结构复杂、性质多样,但其化学组成则相对简单,主要由C、H、O、N、S这5种元素组成,但所有类型的干酪根均以C、H元素为主。干酪根中的元素含量变化与有机质类型密切相关,换言之,不同类型的有机质,其元素组成各不相同。因此,可以用以O/C原子比与H/C原子比为横、纵坐标的图版来判断干酪根的类型。在这个图版上,样品会沿着某条曲线聚集,曲线代表着演化途径,相似的沉积环境对应着相同的演化途径。因此,可以根据O/C原子比与H/C原子比来划分有机质的类型。

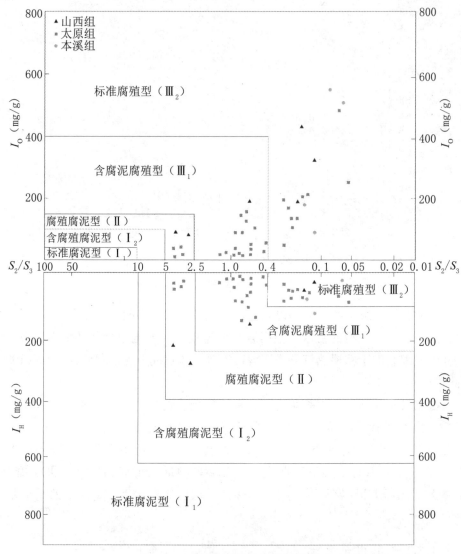

图3-11　干酪根热解分类X形图版

据黄第藩(1982)修改。

通常来讲,富含类脂物和蛋白质的低等生物来源的腐泥型干酪根具有较高的H/C比值和较低的O/C比值,富含芳香结构的高等植物来源的腐殖型干酪根则具有较低的H/C比值和较高的O/C比值。此外,随着热演化程度的升高,干酪根中各元素含量也会发生相应的变化。具体而言,随着成熟度增高,O、S、N等原子从干酪根上脱去时需要消耗一部分氢原子,进而降低干酪根的生烃量。因此,在干酪根H/C比值和O/C比值图(Van Krevelan图版)上能够有效地确定成熟度较低的有机质成烃降解率,而热演化程度较高的样品则比较复杂,共包括以下3种情况:

（1）当H/C比值＜0.8,O/C比值＜0.1时

随着有机质热演化程度的升高,H元素及O元素逐渐消耗,C元素比例不断升高,进而导致不同类型有机质的干酪根H/C比值、O/C比值趋于一致,在Van Krevelan图版上都集中于左下角,这时无法区分其到底是沿着哪条轨迹线演化来的,也就无法判断有机质在低熟期主要生烃阶段之前的H/C比值、O/C比值以及成烃降解率。

（2）当H/C比值＞0.8,O/C比值＜0.1时

干酪根样品在Van Krevelan图版上位于左侧偏上,虽然可以排除沿着Ⅲ型干酪根轨迹演化的可能性,但是仍然无法区分其是按照Ⅰ型还是Ⅱ型的哪个轨迹演化,也即有机质在主要生烃阶段之前不会特别贫氢、富氧,原始生烃降解率不会太低。

（3）当H/C比值＜1.0,O/C比值＞0.1时

干酪根样品在Van Krevelan图版上位于下半部偏右,可以排除沿着Ⅰ型干酪根轨迹演化的可能性,落入此区的样品多数是腐殖型有机质(如煤)沿着Ⅲ型干酪根轨迹演化而来的。但是,如果干酪根中不同组分在热演化进程中存在差异,一些原始氢碳原子比和氧碳原子比不太高也不太低的样品,尽管在多数情况下应该沿着Ⅱ型干酪根轨迹演化,但是也有可能落入此区。

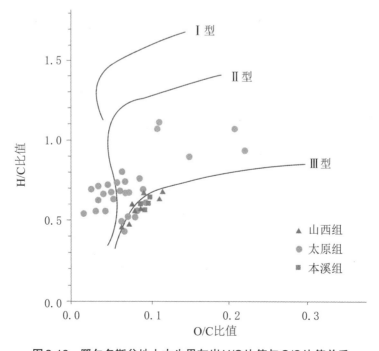

图3-12　鄂尔多斯盆地上古生界灰岩H/C比值与O/C比值关系

图3-12所示的是鄂尔多斯盆地上古生界海陆过渡相灰岩干酪根样品在 Van Krevelen 图版上的分布情况,从图中可以看出,由于热演化成熟度过高,干酪根中的 O 元素及 H 元素被大量消耗,元素组成以碳元素为主,这部分样品分布在图中左下角区域内,导致无法根据 Van Krevelen 图版来判断这部分样品的有机质类型。但是,也有部分样品落入了可以识别的区域内,根据这部分样品判断:二叠系太原组有机质类型为 II-III 型,石炭系本溪组为 III 型,二叠系山西组以 III 型为主,同时混有部分 II 型干酪根。

第四节　有机质成熟度

有机质丰度和类型是生烃的基础,而有机质成熟度则决定着有机质生成油气的总量和生烃潜力。只有在烃源岩达到特定的热演化成熟度的情况下,才可能有烃类生成。因此,烃源岩的热演化成熟度是评价烃源岩生烃潜力的重要指标。镜质体反射率(Ro)随着热演化程度的升高而稳定增大,且与成熟度之间具有良好的相关关系。因 Ro 值的测试简单、精确,所以是评价烃源岩成熟度的最好指标。此外,还可以根据岩石热解参数 T_{max} 与 PI 综合判断有机质的成熟度。

通常认为,$Ro<0.5\%$ 为未成熟阶段,$0.5\%<Ro<0.7\%$ 为低成熟阶段,$0.7\%<Ro<1.3\%$ 为成熟阶段,$1.3\%<Ro<2.0\%$ 为高成熟阶段,$Ro>2.0\%$ 为过成熟阶段。$T_{max}<435\ ℃$ 为未成熟阶段,$435\ ℃<T_{max}<440\ ℃$ 为低成熟阶段,$440\ ℃<T_{max}<450\ ℃$ 为成熟阶段,$450\ ℃<T_{max}<580\ ℃$ 为高成熟阶段,$T_{max}>580\ ℃$ 为过成熟阶段。在鄂尔多斯盆地上古生界灰岩中,二叠系山西组镜质体反射率为 $1.23\%\sim1.81\%$,平均值为 1.42%,最高热解温度为 $429\sim510\ ℃$,平均值为 $473.86\ ℃$,PI 为 $0.11\sim0.36$,平均值为 0.24,综合评价为高成熟阶段。石炭系本溪组镜质体反射率为 $1.04\%\sim1.96\%$,平均值为 1.39%,最高热解温度为 $481\sim521\ ℃$,平均值为 $498\ ℃$,PI 为 $0.20\sim0.43$,平均值为 0.29,综合评价为成熟-高成熟阶段。与石炭系本溪组和二叠系山西组不同,二叠系太原组镜质体反射率、最高热解温度及 PI 均稍高,镜质体反射率为 $1.34\%\sim1.94\%$,平均值为 1.66%,最高热解温度为 $419\sim599\ ℃$,平均值为 $499.45\ ℃$,PI 为 $0.13\sim0.50$,平均值为 0.28(图3-13)。综合这些指标,认为二叠系太原组灰岩处于高成熟阶段。

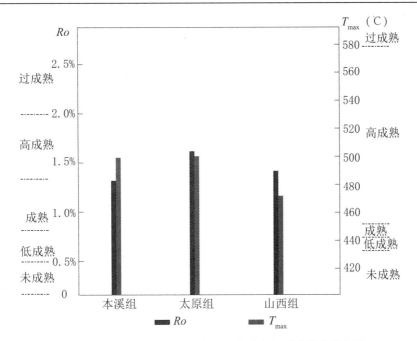

图3-13 鄂尔多斯盆地上古生界灰岩有机质成熟度分布图

第五节　灰岩烃源岩排烃特征

为了更客观准确地评价鄂尔多斯盆地上古生界灰岩烃源岩,本书基于排烃门限理论(庞雄奇,1995),运用生烃潜力法衡量了上古生界灰岩烃源岩。该方法的理论基础为对于没有与外界发生物质交换的烃源岩来说,有机质在烃源岩生排烃过程中,可以转化成烃的有机质总量是一定的。据此,生烃潜量(S_1+S_2)主要由3部分组成:

(1)尚未转化成烃的干酪根或残余有机质,由于鄂尔多斯盆地上古生界灰岩烃源岩成熟度较高,均达到了成熟-高成熟阶段。因此,该部分所占比例较小。

(2)已经生成,并残留在烃源岩中的烃类。

(3)可能排出烃源岩的烃类。在烃源岩演化过程中,烃类的排出是使生烃潜量(S_1+S_2)减小的重要原因(周杰等,2002)。将$(S_1+S_2)/TOC$定义为生烃潜力指数(PGI)(姜福杰等,2010)。

在纵向尺度上,其值呈"大肚子"形状,即先增大后减小。增大的原因为有机质在成岩作用阶段经历了脱氧过程,CO_2的生成使得总有机碳相对减小,而由大变小的拐点即为排烃门限。PGI的减小值δ_{PGI}代表了排出的烃量,即烃源岩原始生烃潜力指数与现今生烃潜力指数之差。

在分析整理了鄂尔多斯盆地上古生界灰岩样品热解数据后,绘制了生烃潜力指数$(S_1+S_2)/TOC$与镜质体反射率(Ro)之间的关系图(图3-14)。曲线具有明显的"大肚子"特征,拐点处的Ro值为1.6%左右。出现拐点的原因显然是由于$(S_1+S_2)/TOC$值的减小,而该值的减小是因为当成熟度逐渐增大到一定值后,生烃潜量(S_1+S_2)开始锐减,即为分子(S_1+S_2)发生突变的点。分母TOC是岩石中总有机物的相对含量,而非岩石中总有机物的绝对含量。因而生排烃过程中导致的有机质绝对总量的减少并不等同于相对总量的减少。因此,$(S_1+S_2)/TOC$值出现拐点所对应的成熟度即为以腐殖型Ⅲ性干酪根为主的烃源岩大量生成天然气的时刻,这一点与生油窗内大量生成石油有明显的区别。换言之,Ro为1.6%时,热解生烃潜力指数开始下降,这意味着烃源岩大量生气的开始。

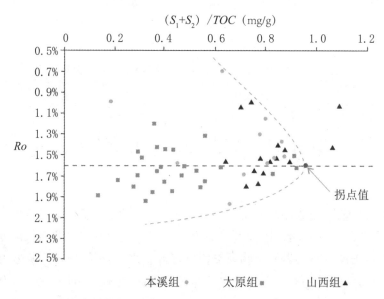

图3-14　鄂尔多斯盆地上古生界灰岩样品热解生烃潜力指数与Ro关系图

山西组Ro大于1.6%的仅占26.7%,绝大部分样品的成熟度小于1.6%(73.3%);本溪组Ro大于1.6%的仅占20%,绝大部分样品的成熟度小于1.6%(80%);太原组Ro大于1.6%的有68%,占据了绝大多数,而小于1.6%的仅32%(图3-15)。上述指标表明,上古生界灰岩中,太原组的生气能力明显优于山西组和本溪组,与上述烃源岩评价结果一致。

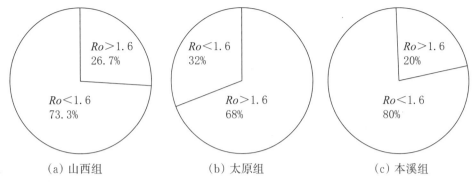

图3-15　鄂尔多斯盆地上古生界灰岩Ro分布饼状图

综上所述,根据总有机碳含量、生烃潜量及氢指数综合判断,石炭系本溪组灰岩为差的烃源岩;二叠系山西组灰岩为差~一般的烃源岩;二叠系太原组灰岩主要为一般~好的烃源岩。考虑到碳酸盐岩烃源岩的特殊性及该地区成熟度较高的特性,二叠系太原组灰岩可以作为有效气源岩。根据热解参数、干酪根稳定碳同位素及有机质显微组分综合判断鄂尔多斯盆地上古生界灰岩有机质类型:本溪组为Ⅲ型;太原组为Ⅱ$_2$-Ⅲ型;山西组有机质以Ⅲ型为主,同时混有少数的Ⅱ$_2$型。根据镜质体反射率、最高热解温度及产率指数综合判断,石炭系本溪组灰岩处于成熟~高成熟阶段,而二叠系太原组及山西组灰岩处于高成熟阶段。基于排烃门限理论,运用生烃潜力法,二叠系山西组和石炭系本溪组分别仅有26.7%、20.0%的样品达到此门限,而二叠系太原组却有68.0%的样品处于大规模生气阶段。Ro指标表明,二叠系太原组的产气能力明显优于二叠系山西组和石炭系本溪组。

第六节　二叠系太原组灰岩来源及沉积环境

前文系统地评价了上古生界灰岩的生烃潜力,二叠系太原组灰岩优于石炭系本溪组和二叠系山西组灰岩。本节在前文分析的基础之上,选取二叠系太原组灰岩,利用地球化学分析手段,研究了其沉积环境,以期进一步理清二叠系太原组灰岩对下古生界储层中天然气的影响。

饱和烃正构烷烃是烃源岩中分布最广泛的化合物之一,其碳数组成和分布特点主要受沉积环境及有机质输入类型的影响(Sobolev et al., 2016)。气相色谱分析是油气地球化学分析的重要研究手段,能直观地提供有关有机质来源及沉积环境等方面的重要信息(Nytoft et al., 2015)。通过饱和烃气相色谱分析可得到C_8~C_{34}的正构烷烃、姥鲛烷(Pr)及植烷(Ph)的色谱峰及各组分的相对百分含量。

其中,主峰碳(MH)、姥鲛烷与植烷比值(Σ_{Pr}/Σ_{Ph})、轻正构烷烃与重正构烷烃比值($\Sigma_{n\text{-}C_{21-}}/\Sigma_{n\text{-}C_{22+}}$、$\Sigma_{n\text{-}C_{21+22}}/\Sigma_{n\text{-}C_{28+29}}$)、姥鲛烷与正碳十七烷比值($\Sigma_{Pr}/\Sigma_{n\text{-}C_{17}}$)、植烷与正碳十八烷比值($\Sigma_{Ph}/\Sigma_{n\text{-}C_{18}}$)、奇偶优势指数(OEP)等参数蕴含有丰富的地球化学信息,可以辅助判断有机质的来源及沉积环境。

二叠系太原组灰岩饱和烃气相色谱数据见表3-2。太原组烃源岩饱和烃气相色谱主峰碳明显的分为两个峰,前峰主要为C_{16},C_{17},C_{18},后峰主要为C_{24},C_{25},C_{26}。$\Sigma_{n\text{-}C_{21-}}/\Sigma_{n\text{-}C_{22+}}$分布在0.41～4.67,平均值为1.34。$\Sigma_{n\text{-}C_{21+22}}/\Sigma_{n\text{-}C_{28+29}}$分布在2.40～67.52,平均值为18.17。姥植比(Σ_{Pr}/Σ_{Ph})分布在0.31～1.18,平均值为0.84。姥鲛烷比正十七烷($\Sigma_{Pr}/\Sigma_{n\text{-}C_{17}}$)分布在0.31～1.06,平均值为0.67。植烷比正十八烷($\Sigma_{Ph}/\Sigma_{n\text{-}C_{18}}$)分布在0.31～1.24,平均值为0.79。碳优势指数(CPI)分布在0.87～7.76,平均值为1.50。OEP为0.55～1.65,平均值为0.97。

一、主峰碳组成及镜下分析

正构烷烃主峰碳的分布与原始母质性质有关。以海相浮游藻类和细菌为主的有机质主峰碳为C_{15}～C_{21},表现出低碳数主峰的特点,分布呈前单峰型。而以陆源高等植物为主要物质来源的有机质主峰碳为C_{25}～C_{29},表现出高碳数主峰的特点,呈后峰型(Clark et al.,1967;Peters et al.,2005)。如果饱和烃气相色谱图中,除主峰碳外,间隔一定碳数还可见另一主峰,那么这种双峰型的色谱曲线反映了有机质是混合来源的。

二叠系太原组灰岩饱和烃气相色谱图的碳数分布范围为C_{11}～C_{34},大部分样品的饱和烃气相色谱图表现为双峰型。其中,前峰型碳数主要为C_{16},C_{17},C_{18}(图3-16(a),(b)),后峰型碳数主要为C_{24},C_{25},C_{26}(图3-16(c),(d))。表明二叠系太原组为混合来源,既有海相低等浮游水生生物及藻类,同时混有陆源高等植物。

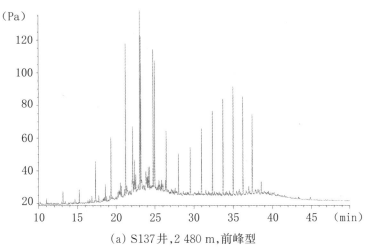

(a) S137井,2 480 m,前峰型

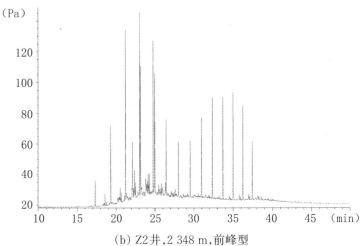

(b) Z2井,2 348 m,前峰型

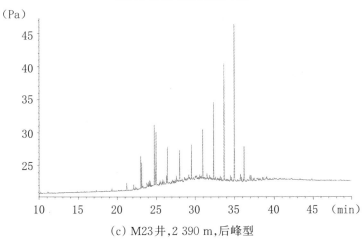

(c) M23井,2 390 m,后峰型

图3-16　二叠系太原组灰岩饱和烃气相色谱图

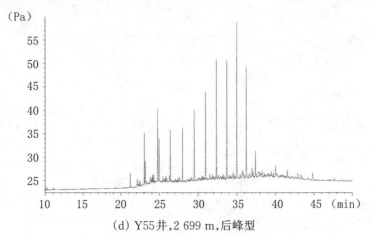

(d) Y55井,2 699 m,后峰型

图3-16　二叠系太原组灰岩饱和烃气相色谱图(续)

　　我们统计了二叠系太原组40口井的数据,并绘制了正构烷烃碳数与百分含量之间的折线图(图3-17)。二叠系太原组烃源岩的碳数呈现明显的双峰式分布,这进一步证实了二叠系太原组为混合来源,同时混有海相低等浮游水生生物、藻类以及陆相高等植物。

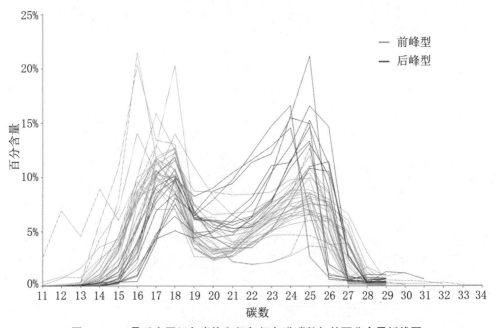

图3-17　二叠系太原组灰岩饱和烃气相色谱碳数与其百分含量折线图

表3-2 二叠系太原组灰岩饱和烃气相色谱

井号	深度(m)	层位	最大碳数	$\Sigma_{n-C_{21-}}/\Sigma_{n-C_{22+}}$	$\Sigma_{n-C_{21\sim22}}/\Sigma_{n-C_{28+29}}$	Σ_{Pr}/Σ_{Ph}	$\Sigma_{Pr}/\Sigma_{n-C_{17}}$	$\Sigma_{Ph}/\Sigma_{n-C_{18}}$	CPI	OEP
SH137	2 480	P_1t	C_{17}	1.28	6.27	1.09	0.97	1.09	1.25	1.02
Y16	2 206	P_1t	C_{17}	1.07	20.11	0.97	0.96	1.21	1.25	1.10
Y18	2 317	P_1t	C_{17}	0.99	4.43	0.98	0.93	1.14	1.18	1.05
S337	3 309	P_1t	C_{17}	1.00	16.90	1.02	0.99	1.15	1.26	0.98
Z2	2 348	P_1t	C_{17}	1.43	22.39	0.98	0.78	0.95	1.29	0.99
T50	3 115	P_1t	C_{17}	1.39	29.75	1.02	0.93	1.09	0.98	1.05
SUI2	2 343	P_1t	C_{16}	2.24	17.97	1.03	0.92	0.92	1.31	0.70
Y28	2 446	P_1t	C_{17}	1.07	67.52	1.00	0.92	1.07	1.00	1.00
TA46	3 615	P_1t	C_{17}	1.32	4.75	0.93	0.94	1.19	1.17	1.07
Q2	2 564	P_1t	C_{17}	1.42	35.39	1.03	0.81	0.96	1.24	1.06
Y5	2 130	P_1t	C_{17}	1.23	32.71	1.03	0.97	1.18	1.24	1.12
T78	3 493	P_1t	C_{17}	0.68	2.40	1.07	1.06	1.24	1.10	1.09
Y19	2 428	P_1t	C_{17}	1.53	30.72	0.99	0.73	0.90	0.97	1.09
Z6	2 417	P_1t	C_{17}	0.97	18.30	0.95	0.85	1.00	1.12	1.11
T3	3 035	P_1t	C_{16}	2.12	20.53	1.18	0.80	0.68	1.64	0.71
Z3	2 355	P_1t	C_{16}	2.98	6.14	1.01	0.44	0.40	1.96	0.55
Z5	2 400	P_1t	C_{16}	4.67	31.14	1.02	0.31	0.31	1.21	0.69
M10	2 414	P_1t	C_{25}	1.05	28.44	0.94	0.61	0.61	1.06	1.06
M14	2 335	P_1t	C_{17}	1.92	14.23	0.96	0.60	0.72	0.98	1.16
M23	2 390	P_1t	C_{25}	0.46	16.39	0.47	0.90	1.11	2.49	1.65
M26	2 238	P_1t	C_{25}	0.78	15.20	0.80	0.51	0.56	1.20	1.17
Y8	1 823	P_1t	C_{18}	1.14	24.38	0.67	0.47	0.64	0.97	0.89
Y9	2 205	P_1t	C_{18}	1.47	4.04	0.80	0.60	0.69	1.63	0.88
Y12	1 905	P_1t	C_{25}	0.99	12.72	0.63	0.66	0.94	1.10	1.01
Y15	2 116	P_1t	C_{18}	1.30	18.64	0.67	0.32	0.33	1.53	0.88
Y30	2 555	P_1t	C_{24}	0.86	10.47	0.69	0.45	0.53	1.27	0.62
Y38	3 108	P_1t	C_{25}	1.01	9.03	0.82	0.59	0.62	3.43	1.62
Y45	2 541	P_1t	C_{26}	0.85	11.22	0.63	0.57	0.67	0.97	0.71
Y55	2 699	P_1t	C_{25}	0.46	9.60	0.54	0.56	0.77	1.21	1.17
Y58	2 536	P_1t	C_{24}	0.69	18.10	0.50	0.36	0.41	7.76	1.03

井号	深度 (m)	层位	最大碳数	$\dfrac{\Sigma_{n\text{-}C_{21-}}}{\Sigma_{n\text{-}C_{22+}}}$	$\dfrac{\Sigma_{n\text{-}C_{21-22}}}{\Sigma_{n\text{-}C_{28+29}}}$	$\dfrac{\Sigma_{Pr}}{\Sigma_{Ph}}$	$\dfrac{\Sigma_{Pr}}{\Sigma_{n\text{-}C_{17}}}$	$\dfrac{\Sigma_{Ph}}{\Sigma_{n\text{-}C_{18}}}$	CPI	OEP
Y70	2 681	P_1t	C_{17}	1.48	18.26	0.74	0.65	0.95	0.87	1.02
Y70	2 634	P_1t	C_{17}	1.35	19.19	0.71	0.33	0.50	1.07	0.96
Y71	2 530	P_1t	C_{25}	0.83	18.44	0.73	0.50	0.55	0.99	1.03
Y73	2 531	P_1t	C_{25}	0.41	16.11	0.65	0.71	0.92	1.00	1.02
Y76	2 470	P_1t	C_{17}	2.01	16.74	0.79	0.39	0.62	1.41	1.17
Y78	2 341	P_1t	C_{24}	0.86	14.72	0.31	0.50	0.65	2.56	0.79
S47	3 095	P_1t	C_{18}	1.20	14.38	0.83	0.56	0.61	0.97	0.86
S248	3 219	P_1t	C_{18}	2.07	7.64	0.70	0.47	0.43	1.85	0.57
S282	3 523	P_1t	C_{18}	1.21	37.35	0.80	0.35	0.34	1.51	0.87
TAI6	2 701	P_1t	C_{18}	1.06	7.85	0.58	0.56	0.63	1.29	0.67

二叠系太原组沉积中富含大量的生物碎屑,最常见的为有孔虫、蜓、腕足类、海百合茎及苔藓虫等(图3-18(a)~(d)),以窄盐性海洋生物为主。灰岩岩性主要为生物碎屑泥晶灰岩,灰泥为基质支撑,粒度较细,反映出低能环境下原地堆积的特点。与此同时,二叠系太原组灰岩中含有部分陆源组分(图3-18(e),(f))。上述证据表明,二叠系太原组灰岩为海陆过渡相沉积。

(a) 泥晶生物碎屑灰岩,可见有孔虫、海百合等生物碎屑(Y4井,2 187.10 m)

图3-18 二叠系太原组灰岩镜下薄片

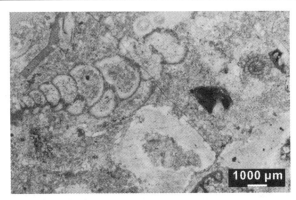

（b）生物碎屑泥晶灰岩，可见海百合、有孔虫、蜓、腕足等生物碎屑（S218井，2 968.48 m）

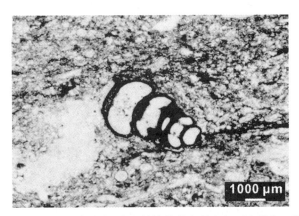

（c）生物碎屑泥晶灰岩，可见有孔虫，房室被嵌晶状亮晶方解石充填（S2井，2 339.15 m）

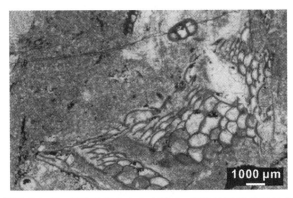

（d）生物碎屑泥晶灰岩，可见珊瑚虫室和有孔虫，房室被嵌晶状亮晶方解石所充填

（Y8井，1 803.63 m）

图3-18　二叠系太原组灰岩镜下薄片（续）

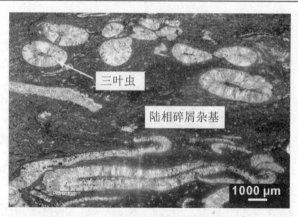

(e) 可见三叶虫及陆相碎屑杂基(H7井,560 m)

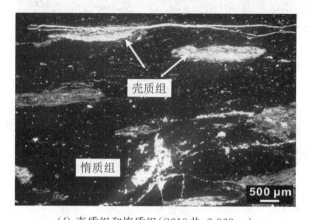

(f) 壳质组和惰质组(S218井,2 968 m)

图3-18　二叠系太原组灰岩镜下薄片(续)

二、姥植比(Σ_{Pr}/Σ_{Ph})及$\Sigma_{n\text{-}C_{21-}}/\Sigma_{n\text{-}C_{22+}}$

姥鲛烷和植烷是光合生物中叶绿素的植醇侧链的成岩产物,在氧化条件下形成姥鲛烷。相反,在还原条件下,形成植烷(Hughes et al., 1995; Dawson et al., 2013)。两者含量最丰富且最稳定,几乎在所有原油与烃源岩抽提物中都会出现,运移作用也不会改变其相对含量,甚至在寒武纪和更早时期的岩层中都存在,所以是良好的对比标志。

Σ_{Pr}/Σ_{Ph}与沉积环境密切相关(Peters et al., 2005)。姥鲛烷(Pr)与植烷(Ph)的比值通常以1为临界值,大于1的指示氧化环境,该环境下沉积保存的有机质类型差;而小于1的则指示还原环境,代表了较为闭塞的沉积环境,有利于有机质的保存。进一步划分,姥植比在0.5~1.0的为还原环境,姥植比为1~2的为弱还原~弱氧化环境,姥植比大于2为氧化环境。在二叠系太原组灰岩样品中,绝大部分姥植比小于1,有少数样品分布在1附近(图3-19(a))。这表明二叠系太原组沉积环境以还原环境为主,有利于有机质的保存。

$\Sigma_{n\text{-}C_{21-}}/\Sigma_{n\text{-}C_{22+}}$之比是在把样品分析所得各碳数含量归一后,将$n\text{-}C_{21}$以下各碳数百分含量总和除以$n\text{-}C_{22}$以后的各碳数百分含量的总和。这个值与母质类型有关,比值越大,母质中来源于水生生物的有机质含量越高。

二叠系太原组灰岩样品$\Sigma_{n\text{-}C_{21-}}/\Sigma_{n\text{-}C_{22+}}$比值在0.41~4.67之间,平均值为1.32,绝大部分样品的$\Sigma_{n\text{-}C_{21-}}/\Sigma_{n\text{-}C_{22+}}$值围绕1上下波动(图3-19(b))。这表明物源中既有海相细菌和藻类,也有陆相高等植物来源,为混合来源。这一特点与根据主峰碳判断的结果一致,也与根据H/C和O/C判断的结果一致(图3-20)。

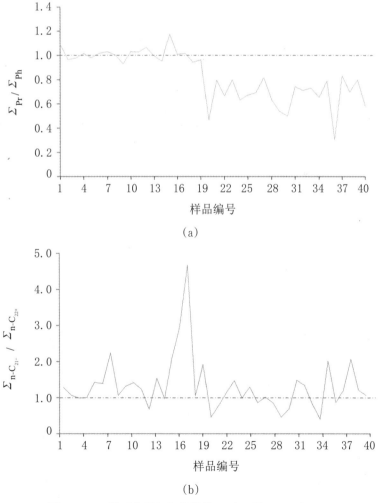

图3-19　二叠系太原组灰岩样品 Σ_{Pr}/Σ_{Ph} 及 $\Sigma_{n\text{-}C_{21-}}/\Sigma_{n\text{-}C_{22+}}$

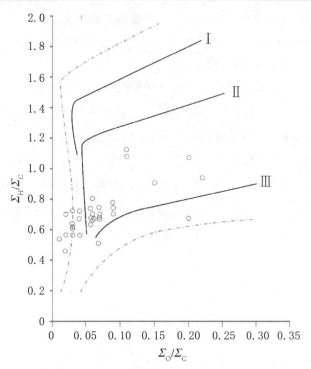

图3-20　二叠系太原组灰岩样品 Σ_H/Σ_C-Σ_O/Σ_C

据Tissot et al.(1984)修改。

类异戊二烯型烷烃化合物与母源具有亲缘关系,$\Sigma_{Pr}/\Sigma_{n\text{-}C_{17}}$ 与 $\Sigma_{Ph}/\Sigma_{n\text{-}C_{18}}$ 的比值可以指示烃源岩的物质来源及沉积环境特征(Shanmugam,1985)。二叠系太原组灰岩的样品被投影到此图版上(图3-21),从图中可以发现,二叠系太原组样品绝大部分落入了混源-还原环境的范围内,少数样品落入了混源-氧化环境的范围内。这表明二叠系太原组为混合来源,兼有还原与氧化环境,且以还原环境为主,有利于有机质的保存。

此外,我们还收集整理了鄂尔多斯盆地石炭-二叠系煤、暗色泥岩及二叠系太原组灰岩的干酪根碳同位素数据,并绘制了干酪根碳同位素分布直方图(图3-22)。从图中可以发现,煤及暗色泥岩的干酪根碳同位素值较重,而二叠系太原组灰岩的干酪根碳同位素值的分布范围包含了煤及暗色泥岩。这进一步说明,二叠系太原组灰岩为混合来源,具备陆源及海相物源混源的特征。

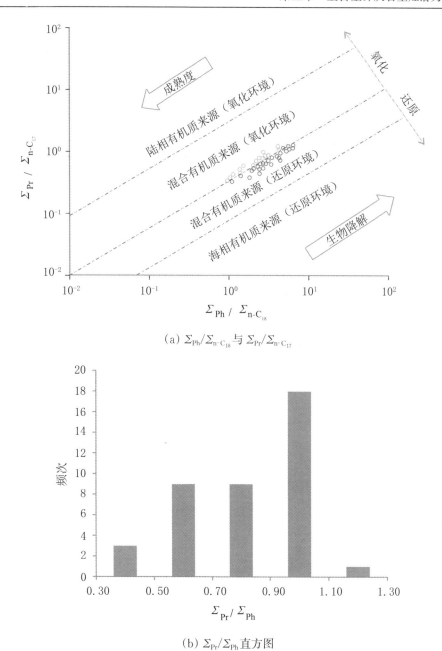

（a）$\Sigma_{Ph}/\Sigma_{n\text{-}C_{18}}$ 与 $\Sigma_{Pr}/\Sigma_{n\text{-}C_{17}}$

（b）Σ_{Pr}/Σ_{Ph} 直方图

图 3-21　二叠系太原组灰岩样品

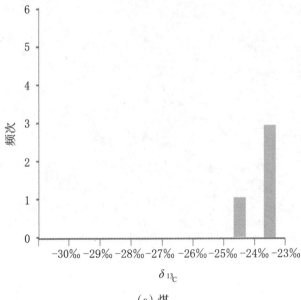

（a）煤

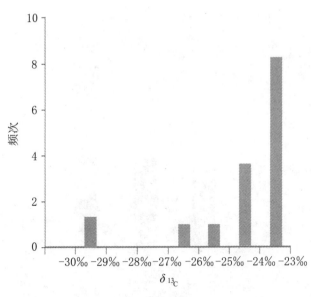

（b）暗色泥岩

图 3-22 干酪根碳同位素 δ_{13C} 分布直方图

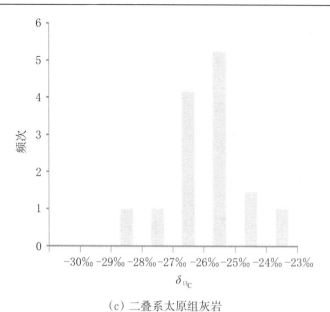

（c）二叠系太原组灰岩

图 3-22　干酪根碳同位素 δ_{13C} 分布直方图（续）

第四章 古生界天然气地球化学特征

第一节 烃源岩吸附气地球化学特征

烃源岩吸附气由单一烃源岩生成,在原地滞留且受运移分馏作用影响较小,是研究烃源岩生成天然气的良好指标。由于烃源岩吸附气特殊的成因特征,因此,它可以很好地反映烃源岩原生气体的地球化学组成特征。

为了验证上一章实验结果的准确性,选取鄂尔多斯盆地上古生界太原组灰岩样品进行烃源岩吸附气实验。由于下古生界奥陶系马家沟组盐上部分与上古生界煤系烃源岩直接接触,无法完全排除上古生界煤系对其的影响。因此,选取奥陶系盐下马家沟组海相碳酸盐岩样品进行烃源岩吸附气实验,并将收集到的吸附气进行天然气组分及稳定碳同位素分析,再将其与采集到的上古生界二叠系太原组灰岩发育区及下古生界奥陶系马家沟组盐下的天然气钢瓶气样的地球化学特征进行对比。这样将模拟实验与实际生产相结合,可以验证上古生界二叠系太原组灰岩及下古生界奥陶系马家沟组海相碳酸盐岩的实际生烃潜能。

选取8个岩心样品,4个为上古生界二叠系太原组灰岩样品,4个为下古生界奥陶系马家沟组盐下泥质云岩样品。为了获取较多的吸附气,所取样品均为总有机碳含量相对较高的样品。实验样品基本地球化学特征见表4-1。对于下古生界奥陶系马家沟组样品,为了排除上古生界煤系烃源岩生成的天然气倒灌的影响,所取样品均为膏岩层之下。所取样品成熟度主要处于高成熟~过成熟阶段,地质历史上都有过生气过程,这样保证了吸附气的脱附量与实验结果的准确性。

本次试验所用吸附气,采用如下方法制备获得:

① 首先将岩心样品粗碎,然后装入带有3个撞击球的密闭不锈钢罐中,将不锈钢罐抽真空2 min。

表4-1 烃源岩吸附气实验样品基本地球化学特征

井 号	地 层	深度(m)	岩 性	总有机碳含量	R_O
S137	P_1t	3 478	泥质灰岩	0.9%	1.3%
Y19	P_1t	2 428	泥质灰岩	1.3%	1.5%
Y60	P_1t	2 357	泥质灰岩	1.0%	1.7%
Z5	P_1t	2 400	泥质灰岩	1.3%	1.4%
S36	O_1m	2 279	泥质白云岩	0.6%	1.4%
T17	O_1m	3 803	泥质白云岩	0.5%	1.7%
T38	O_1m	3 628	泥质白云岩	0.6%	1.6%
J1	O_1m	3 723	泥质白云岩	0.5%	1.7%

② 将不锈钢罐放入夹持器中,置于细碎震荡机中细碎10 min。

③ 随后,将不锈钢罐放入烘干箱中,80 ℃烘干1 h,让岩心粉末中的吸附气完全脱附。

④ 随后将获得的烃源岩吸附气做稳定碳同位素测试及组分组成分析。

烃源岩吸附气的稳定碳同位素值采用Thermo Delta V Advantage仪器,运用GC-C-irm-MS方法测定。起始温度为33 ℃,以8 ℃/min速率升温至80 ℃,再以5 ℃/min速率升温至250 ℃,进样口温度为200 ℃,载气流速为1.1 mL/min,氧化炉温度为980 ℃,还原炉温度为640 ℃,离子源真空度为$(8.6 \sim 8.9) \times 10^{-7}$ mBar,离子源电压为3.07 kV。

表4-2 鄂尔多斯盆地古生界烃源岩吸附气地球化学特征

井号	层位	深度(m)	碳同位素(VPDB)				组分				
			CH_4	C_2H_6	C_3H_8	C_4H_{10}	CH_4	C_2H_6	C_3H_8	i-C$_4$	n-C$_4$
S137	P_1t	3478	−34.1‰	−23.8‰	−	−	89.0%	1.6%	7.3%	1.5%	0.7%
Y19	P_1t	2 428	−38.4‰	−25.0‰	−	−	97.5%	2.0%	0.3%	0.1%	0.1%
Y60	P_1t	2 357	−23.0‰	−24.0‰	−	−	97.8%	2.1%	0.2%	−	−
Z5	P_1t	2 400	−33.2‰	−25.7‰	−	−	95.9%	3.4%	0.6%	0.1%	0.1%
J1	O_1m	3 723	−38.8‰	−32.3‰	−	−	97.1%	2.3%	0.5%	0.1%	0.1%
T38	O_1m	3 628	−38.5‰	−33.8‰	−	−	98.6v	1.2%	0.2%	−	−
S36	O_1m	2 279	−36.2‰	−30.2‰	−	−	89.7v	8.0%	1.2%	0.8%	0.3%
T17	O_1m	3 803	−30.6‰	−31.5‰	−	−	95.1%	2.8%	2.1%	−	−

实验结果见表4-2,通过对上述实验数据的分析,我们可以得出以下几点结论:

① 上古生界二叠系太原组灰岩及下古生界奥陶系马家沟组盐下碳酸盐岩的烃源岩吸附气中,其天然气组分组成均以烷烃气为主,说明两者均可以生成一定数量的天然气。下古生界奥陶系马家沟组盐下地层确实存在有效烃源岩,而且盐下生储盖配置组合较好,可以形成自生自储型天然气藏,能够作为未来勘探的新方向;而之前一直被忽略的上古生界二叠系太原组灰岩,也具备形成天然气的能力。

② 以腐殖-腐泥型干酪根为主的上古生界二叠系太原组灰岩,其生成的天然气应该具备以油型气为主的特征,但其烃源岩吸附气碳同位素值较重,表现出明显的煤成气特征。笔者推断,造成这一现象的原因有以下两个:

一是由于二叠系太原组虽然具备一定的生烃能力,但远不如其紧邻的石炭-二叠系煤系烃源岩。二叠系太原组生成的天然气被后期石炭-二叠系煤系生成的煤成气驱替到下古生界奥陶系马家沟组中,在马家沟组中成藏。因此才导致部分下古生界奥陶系马家沟组盐上天然气具有混源气的特点,其中的油型气应该部分来自于上古生界二叠系太原组灰岩。

二是灰岩中原本为煤成气与油型气的混合气,但是,煤成气的比例占据绝大部分(90%以上),而灰岩烃源岩由于取心时间过长,导致其中本来就比例极小的油型气散失,煤成气虽然也会以相同的速度散失,但是由于煤成气的基数远远大于油型气,因此,剩余的天然气就会呈现出以煤成气为主的特征。

第二节 上古生界灰岩发育区天然气地球化学特征

第三章及第四章第一节已经证实,上古生界二叠系海陆过渡相灰岩确实具备一定的生烃潜力,但是这种结论仅仅是根据实验推断出来的。判断这套灰岩是否真实具有生烃潜力,最直接的方法便是在这套灰岩发育区找到天然气井,并且这些气井的储层也是灰岩。根据"源控论"思想,这里的井位最能为灰岩是否真正具备生烃能力提供直接证据。如第三章所述,我们已经系统掌握了这套灰岩的基本特征,因此,这一方法便具备了可行性。因为这些气井是从二叠系太原组灰岩发育区中选取的,而且产层也是灰岩,所以,如果二叠系太原组灰岩确实具有生烃能力,那么生成的天然气肯定会优先运移到这些井中成藏。这样,就可以直接从实际生产的角度出发验证上古生界二叠系太原组灰岩是否能够生成天然气以及这些天然气的地球化学特征。与此同时,这一思路也可以用于间接验证上述烃源岩吸附气实验结果的准确性。

一、天然气组分组成特征

通过实验结果可以发现，二叠系太原组灰岩发育区所产出的天然气中，甲烷占绝对优势，干燥系数（$\Sigma_{C_1}/\Sigma_{C_{1\sim5}}\times100\%$）为89.0%～99.5%，平均值为95.9%，总体上属于典型的干气（图4-1）。甲烷含量为85.80%～98.23%，平均值为93.24%；乙烷含量为0.55%～7.67%，平均值为3.24%；丙烷含量为0.08%～2.07%，平均值为0.61%。非烃气体主要为CO_2和N_2，不含H_2S，其中，CO_2含量为0.11%～7.05%，平均值为1.59%；N_2含量为0.12%～10.86%，平均值为1.33%，由此可见，非烃组分含量较低（表4-3）。此结果与上古生界二叠系太原组灰岩吸附气测试结果基本一致。

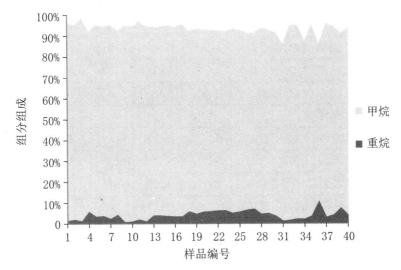

图4-1　上古生界二叠系太原组灰岩发育区天然气组分组成面积图

表4-3　鄂尔多斯盆地上古生界灰岩发育区天然气组分组成特征

井号	层位	天然气主要组分							干燥系数	数据来源
		CH_4	C_2H_6	C_3H_8	i-C_4H_{10}	n-C_4H_{10}	CO_2	N_2		
P1	P_1t	96.31%	1.01%	0.21%	0.02%	0.01%	0.83%	1.74%	98.7%	本书
QC1	P_1t	95.11%	1.43%	0.46%	0.01%	0.01%	1.12%	2.01%	98.1%	
M1	P_1t	98.23%	1.00%	0.14%	0.01%	0.01%	−	0.72%	98.9%	
ZC1	P_1t	92.01%	4.42%	0.92%	0.21%	0.19%	1.55%	0.73%	94.2%	
Z4	P_1t	95.04%	2.85%	0.44%	0.03%	0.03%	1.41%	0.34%	96.7%	
Z5	P_1t	94.22%	2.96%	0.53%	0.09%	0.08%	1.04%	1.34%	96.3%	

井号	层位	天然气主要组分							干燥系数	数据来源
		CH_4	C_2H_6	C_3H_8	$i-C_4H_{10}$	$n-C_4H_{10}$	CO_2	N_2		
Y12	P_1t	95.34%	1.28%	0.72%	0.14%	0.16%	1.12%	1.32%	97.7%	
Y15	P_1t	92.33%	3.77%	0.24%	0.11%	0.10%	3.23%	0.55%	95.7%	
S132	P_1t	94.81%	0.55%	0.08%	0.01%	0.01%	4.46%	0.22%	99.5%	
S193	P_1x	94.27%	0.83%	0.16%	0.01%	0.01%	4.74%	0.24%	99.0%	
S10	P_1t	96.95%	1.54%	0.33%	0.03%	0.04%	0.62%	0.72%	98.1%	
F5	P_1t	94.44%	2.65%	0.74%	0.13%	0.12%	1.29%	0.97%	96.4%	
S3	P_1x	91.52%	4.34%	1.32%	0.04%	0.03%	0.64%	2.28%	94.2%	
Y30	P_1s	94.11%	3.19%	0.52%	0.07%	0.08%	1.62%	0.49%	96.2%	
Y45	P_1s	94.26%	3.14%	0.54%	0.08%	0.08%	1.67%	0.43%	96.2%	
Y69	P_1s	94.94%	2.92%	0.47%	0.06%	0.06%	1.32%	0.42%	96.5%	
Y80	P_1s	93.82%	2.84%	0.44%	0.06%	0.06%	1.24%	1.54%	96.6%	
P2	P_1s	95.46%	2.82%	0.43%	0.05%	0.04%	0.72%	0.52%	96.7%	
S209	P_1s	92.26%	4.41%	1.01%	0.19%	0.18%	1.51%	0.26%	94.1%	Dai, 2016
S217	P_1s	93.36%	3.75%	0.64%	0.10%	0.10%	1.73%	0.25%	95.3%	
Y43-17	P_1s	92.98%	4.40%	0.90%	0.15%	0.15%	1.04%	0.23%	94.3%	
Y45-19	P_1s	92.74%	4.50%	0.98%	0.17%	0.17%	1.03%	0.23%	94.1%	
Y41-18	P_1s	92.47%	4.60%	1.08%	0.22%	0.20%	0.97%	0.23%	93.8%	
Y45-14	P_1s	91.93%	4.70%	1.16%	0.22%	0.21%	1.36%	0.18%	93.6%	
Y44-12	P_1s	93.26%	4.01%	0.74%	0.12%	0.12%	1.37%	0.27%	94.9%	
Y50-8	P_1s	92.68%	4.31%	0.93%	0.17%	0.16%	1.32%	0.26%	94.3%	
Y12	C-P	91.20%	5.31%	0.84%	0.14%	0.14%	–	–	93.4%	
S215	C-P	91.20%	5.81%	0.84%	0.17%	0.16%	–	–	92.9%	Cai et al., 2005
S117	C-P	93.60%	3.79%	0.55%	0.08%	0.08%	–	0.86%	95.4%	
Q2	C-P	92.60%	3.99%	0.63%	0.10%	0.11%	–	0.71%	95.0%	
Z4	C-P	91.30%	3.02%	0.46%	0.07%	0.07%	–	1.90%	96.2%	
S16	P_1s	85.84%	0.99%	0.11%	0.01%	0.01%	0.90%	10.86%	98.7%	
S19	P_1x	94.91%	1.41%	0.14%	0.02%	0.02%	1.29%	1.91%	98.4%	Dai et al., 2005
S19	C_2b	94.95%	1.86%	0.24%	0.04%	0.03%	2.69%	0.12%	97.8%	
S26	P_1t	87.22%	1.84%	0.17%	0.02%	0.02%	7.05%	3.03%	97.7%	
S41	P_1s	95.02%	3.06%	0.45%	0.05%	0.05%	–	1.15%	96.3%	

井号	层位	天然气主要组分							干燥系数	数据来源
		CH_4	C_2H_6	C_3H_8	i-C_4H_{10}	n-C_4H_{10}	CO_2	N_2		
S46	P_1s	85.80%	7.67%	2.07%	0.49%	0.38%	1.22%	1.33%	89.0%	
S65	P_1x	95.74%	2.54%	0.29%	0.03%	0.04%	0.13%	1.12%	97.1%	
S67	P_1s	94.36%	3.39%	0.47%	0.09%	0.07%	0.83%	0.55%	95.9%	
S68	P_1s	90.97%	5.91%	1.11%	0.25%	0.16%	0.11%	4.06%	92.4%	
S83	P_1s	93.32%	3.39%	0.45%	0.17%	0.07%	0.84%	5.74%	95.8%	

二、天然气碳同位素特征

从稳定碳同位素值可以看出(表4-4),上古生界灰岩发育区存在少量井的产气乙烷碳同位素值较轻($\delta^{13}_{C_2}$值小于$-28‰$),表现出典型油型气的特征。但大部分井产生乙烷碳同位素值较重($\delta^{13}_{C_2}$值大于$-28‰$),具有明显的煤成气特征(图4-2);甲烷碳同位素值分布在$-37.1‰$～$-29.1‰$,乙烷碳同位素值分布在$-36.4‰$～$-20.8‰$。由于这些井产气来源均为上古生界储层,因此排除了下古生界奥陶系马家沟组海相碳酸盐岩的影响。其次,这些井虽然分布在二叠系灰岩发育区,但是,灰岩的分布仅仅是相对的优势(在整个盆地范围内,灰岩的分布范围很有限,见第三章),也就是说在这些井位的分布区,煤系烃源岩依然占据绝对的优势。

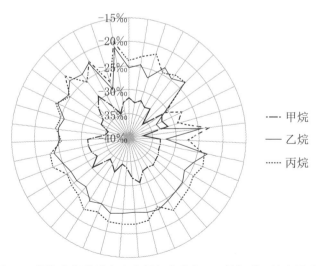

图4-2　鄂尔多斯盆地上古生界灰岩发育区天然气碳同位素雷达图

表4-4　鄂尔多斯盆地上古生界灰岩发育区天然气碳同位素特征

井号	层位	$\delta^{13}C$				成因类型	数据来源
		CH$_4$	C$_2$H$_6$	C$_3$H$_8$	C$_4$H$_{10}$		
P1	P$_1$t	−31.7‰	−25.3‰	−23.9‰	–	煤成气	本书
QC1	P$_1$t	−32.6‰	−24.5‰	−22.7‰	–	煤成气	
M1	P$_1$t	−31.8‰	−26.9‰	−21.5‰	–	煤成气	
ZC1	P$_1$t	−34.7‰	−28.7‰	–	–	油型气	
Z4	P$_1$t	−32.8‰	−23.5‰	−24.6‰	–	煤成气	
Z5	P$_1$t	−32.5‰	−24.6‰	−23.6‰	–	煤成气	
Y12	P$_1$t	−36.0‰	−23.1‰	−23.2‰	–	煤成气	
Y15	P$_1$t	−31.3‰	−31.4‰	−30.7‰	–	油型气	
S132	P$_1$t	−32.2‰	−33.7‰	−27.4‰	–	油型气	
S193	P$_1$x	−31.5‰	−32.9‰	−29.3‰	–	油型气	
S10	P$_1$t	−37.1‰	−24.5‰	−22.6‰	–	煤成气	
F5	P$_1$t	−33.4‰	−32.2‰	−27.6‰	–	油型气	
S3	P$_1$x	−30.9‰	−36.4‰	−35.4‰	–	油型气	
Y30	P$_1$s	−33.1‰	−23.0‰	−23.4‰	−21.7‰	煤成气	Dai,2016
Y45	P$_1$s	−33.2‰	−25.2‰	−23.1‰	−22.5‰	煤成气	
Y69	P$_1$s	−32.8‰	−26.3‰	−24.1‰	−21.7‰	煤成气	
Y80	P$_1$s	−32.7‰	−25.3‰	−23.5‰	−22.7‰	煤成气	
P2	P$_1$s	−32.3‰	−25.1‰	−23.1‰	−23.2‰	煤成气	
S209	P$_1$s	−32.8‰	−24.5‰	−22.2‰	−20.9‰	煤成气	
S217	P$_1$s	−32.5‰	−23.8‰	−24.4‰	−22.3‰	煤成气	
Y43-17	P$_1$s	−30.3‰	−24.0‰	−22.3‰	−21.7‰	煤成气	
Y45-19	P$_1$s	−31.6‰	−24.4‰	−21.9‰	−21.5‰	煤成气	
Y41-18	P$_1$s	−33.6‰	−24.2‰	−22.0‰	−21.0‰	煤成气	
Y45-14	P$_1$s	−34.3‰	−23.9‰	−22.0‰	−21.1‰	煤成气	
Y44-12	P$_1$s	−32.1‰	−25.2‰	−23.1‰	−21.8‰	煤成气	
Y50-8	P$_1$s	−33.6‰	−24.4‰	−22.3‰	−21.2‰	煤成气	
Y12	C−P	−34.2‰	−26.3‰	−24.0‰	−23.1‰	煤成气	Cai et al.,2005
S215	C−P	−30.0‰	−25.8‰	−24.4‰	−23.1‰	煤成气	
S117	C−P	−32.2‰	−26.0‰	−24.9‰	−23.8‰	煤成气	
Q2	C−P	−31.6‰	−25.2‰	−22.8‰	−21.4‰	煤成气	

井号	层位	$\delta^{13}C$				成因类型	数据来源
		CH_4	C_2H_6	C_3H_8	C_4H_{10}		
Z4	C-P	−31.3‰	−23.7‰	−23.0‰	−22.8‰	煤成气	
S16	P_1s	−31.3‰	−25.3‰	−25.8‰	−23.8‰	煤成气	
S19	P_1x	−35.1‰	−24.9‰	−24.5‰	−22.1‰	煤成气	
S19	C_2b	−35.4‰	−25.8‰	−24.9‰	−23.2‰	煤成气	
S26	P_1t	−33.5‰	−23.2‰	−23.0‰	−	煤成气	
S41	P_1s	−33.4‰	−24.6‰	−25.0‰	−22.1‰	煤成气	Dai et al., 2005
S46	P_1s	−31.0‰	−22.7‰	−21.3‰	−21.1‰	煤成气	
S65	P_1x	−29.1‰	−23.5‰	−25.5‰	−24.1‰	煤成气	
S67	P_1s	−32.5‰	−22.2‰	−21.9‰	−20.9‰	煤成气	
S68	P_1s	−34.8‰	−29.3‰	−27.8‰	−24.5‰	煤成气	
S83	P_1s	−32.6‰	−20.8‰	−19.6‰	−16.1‰	煤成气	

$\delta^{13}C_n$-$\frac{1}{\Sigma_{C_n}}$ 图版可以反映碳同位素值与天然气碳分子数之间的相关关系。将表中数据投影到图版中可以发现(图4-3):二叠系太原组灰岩发育区绝大部分井位均显示出煤成气的特征,仅有极少数井显示为油型气特征,并且出现了碳同位素的倒转现象。

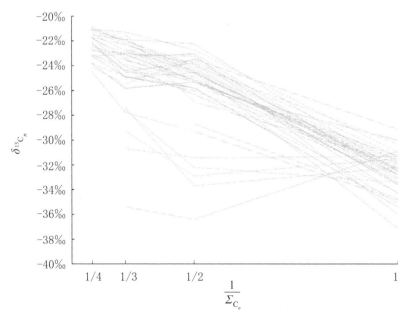

图4-3 鄂尔多斯盆地上古生界灰岩发育区天然气 $\delta^{13}C_n$-$\frac{1}{\Sigma_{C_n}}$ 关系图版

Whiticar(1999)提出利用 $\delta_{^{13}C_n}$-$\frac{\Sigma_{C_1}}{\Sigma_{C_{2+3}}}$ 图版可以鉴别天然气的成因类型及气源岩的母质类型(图4-4)。将上古生界二叠系太原组灰岩发育区天然气投影到该图版上,可以发现,灰岩发育区的天然气干酪根类型主要以Ⅲ型干酪根为主,说明灰岩发育区的天然气主要由Ⅲ型干酪根生成。结合该区实际地质情况,这部分Ⅲ型干酪根显然来自上古生界石炭-二叠系煤系烃源岩,说明即使是灰岩发育区的天然气也仍然以上古生界煤系烃源岩生成的煤成气为主。从图4-4中还可以发现,另一部分天然气落在了Ⅱ型干酪根与Ⅲ型干酪根之间,表现出明显的海陆过渡相特征,显然这部分天然气中有二叠系海陆过渡相灰岩的贡献,但是所占比例较少,贡献率较小。

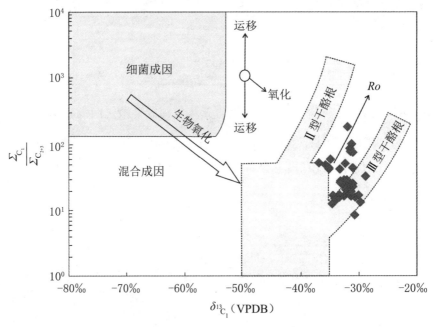

图4-4　鄂尔多斯盆地上古生界灰岩发育区 $\delta_{^{13}C_1}$-$\frac{\Sigma_{C_1}}{\Sigma_{C_{2+3}}}$ 图版

据Whiticar(1999)修改。

Milkov和Etiope(2018)根据世界范围内76个国家的20 621个天然气样品,更新了Whiticar图版,这是迄今为止数容量最大的经验图版(图4-5)。二叠系太原组灰岩发育区的气样在该图版中的投影显示所有的天然气均落在热成因的天然气区。进一步细分,这些天然气绝大部分落入了LMT区,即晚期热成因气范围内,少数落入了OA区,即油型气区。这说明二叠系太原组灰岩发育区的天然气均为有机热成因,不存在生物成因气及无机成因气,绝大部分天然气为晚期热成因天然气

（LMT）。考虑到该地区的烃源岩条件,这些晚期热成因天然气应该是煤成气。这部分天然气来自于石炭-二叠系煤系烃源岩。少数天然气落入了油型气区,这部分天然气来自于二叠系太原组中的海相藻类及细菌。

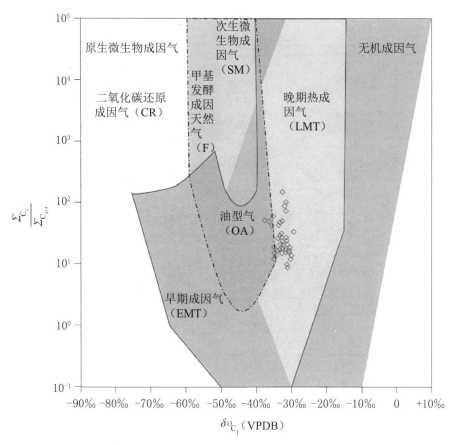

图 4-5 更新之后的天然气成因图版 $\delta_{^{13}C_1}$-$\dfrac{\Sigma_{C_1}}{\Sigma_{C_{2+3}}}$

据 Milkov,Etiope(2018)修改。

戴金星(1992)在大量数据统计的基础上,将国内外 11 个大型气田的 $\delta_{^{13}C_1}$,$\delta_{^{13}C_2}$ 和 $\delta_{^{13}C_3}$ 值编制成 $\delta_{^{13}C_1}$-$\delta_{^{13}C_2}$-$\delta_{^{13}C_3}$ 天然气辨识图版。应用该图版,可以判断不同成因类型的天然气(图4-6)。将下古生界二叠系灰岩发育区的天然气井投影到该图版上,可以发现:天然气绝大部分落在煤成气区(Ⅰ区),表明该区依然是以煤成气为主。有少数天然气井落在碳同位素倒转混合区(Ⅲ区)及油型气区(Ⅱ区),这种现象说明了在二叠系太原组灰岩发育区的井中确实存在少量油型气,也正是由于这一小部分油型气的存在,导致了另外少数井的天然气存在碳同位素的倒转,落在碳同位素倒转混合气区(Ⅲ区)。换句话说,正是因为这套二叠系太原组灰岩可以生成少量的油型气,才导致了该地区少数井的碳同位素出现了倒转。这套灰岩生成的天然气总量虽然较少,但是,当这部分少量的油型气运移至下古生界奥陶系马家沟组储层之后,就会与煤成气产生混合,进而导致碳同位素值的异常。

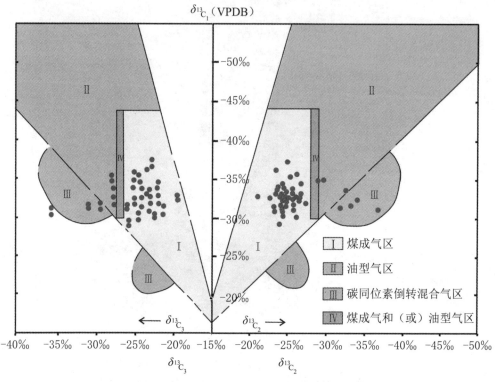

图4-6 $\delta_{13_{C_1}}$-$\delta_{13_{C_2}}$-$\delta_{13_{C_3}}$**天然气成因鉴别图版**

据戴金星(1992)修改。

结合上一节中二叠系太原组灰岩烃源岩吸附气的稳定碳同位素特征(吸附气稳定碳同位素均显示为煤成气特征)可以得出以下结论:上古生界二叠系太原组灰岩确实具备一定的生烃能力,在某些灰岩占据相对优势的地区,可以生成以油型气为主的天然气,但是这种情况极少(目前上古生界的储层已经被大面积开采,但是具备油型气特征的井位极其少见)。这套上古生界灰岩虽然具备一定的生烃潜力,但其生烃能力远不及相邻的石炭-二叠系煤系烃源岩。也就是说,正是由于石炭-二叠系煤系烃源岩"强势"的生烃能力,导致了这套二叠系灰岩的生烃能力"不起眼"。最终导致了即使是在灰岩发育区储层中的天然气中,煤成气依然为主要组成部分。这就解释了上古生界部分井显示出油型气特征的原因,也是造成鄂尔多斯盆地靖边气田盐上奥陶系马家沟组碳酸盐岩岩溶储层中的天然气显示为混源气特征的原因之一。

　　本书依据天然气稳定碳同位素组成特征,建立了以稳定碳同位素为单元的雷达图天然气类型判别图版(图4-7)。图版的4个单元分别为CH_4、C_2H_6、C_3H_8、C_4H_{10},依次取值为$-35‰$、$-28‰$、$-27‰$、$-24‰$,4个端元组成的包络线所围成的内部区域,即为煤成气。

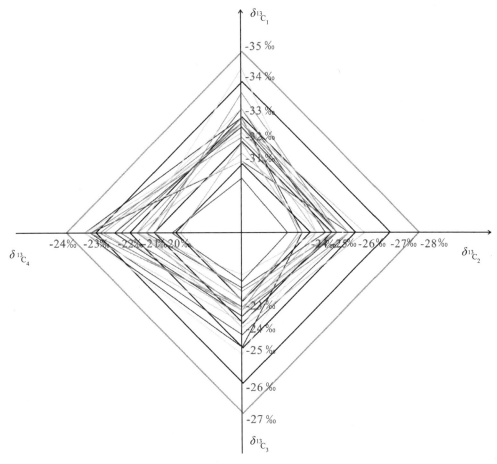

图4-7　碳同位素雷达图天然气类型判别图版

　　基于上述二叠系太原组灰岩发育区的天然气的地球化学特征,我们推断了天然气的成藏模式(图4-8)。二叠系太原组灰岩发育区的天然气主要由石炭-二叠系的煤系地层生成,此外,二叠系太原组灰岩也可以生成少量的油型气。这部分油型气主要由二叠系太原组中的海相腐泥型干酪根生成。这部分天然气的总量虽然较少,但是,它们的介入却会导致储集于二叠系太原组灰岩中的天然气的地球化学特征的异常。

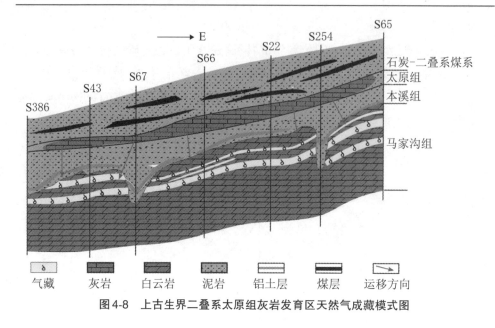

图 4-8　上古生界二叠系太原组灰岩发育区天然气成藏模式图

第三节　下古生界盐下天然气地球化学特征

本章上两节分别介绍了烃源岩吸附气实验及上古生界二叠系太原组灰岩发育区天然气的地球化学特征。为了进一步说明下古生界中油型气的来源及验证马家沟组盐下吸附气的实验结果,选取奥陶系马家沟组盐下作为研究对象。因为巨厚的膏岩层"屏蔽"了上古生界"强势"的煤系烃源岩的影响,所以马家沟组盐下天然气是非常理想的样本。

随着勘探开发的逐渐深入及技术的不断进步,盐下的油气资源越来越被重视,已经显示出巨大的勘探潜力和良好的勘探前景,是未来油田增储上产的重要接替区(张申等,2013;王招明等,2014),现在已有越来越多的井位钻探至膏岩层以下。在鄂尔多斯盆地中、东部地区,存在厚度极大的膏盐岩层沉积,因此,马家沟组膏岩层之下将是鄂尔多斯盆地未来重要的增储上产接替区。

之前对于奥陶系的勘探主要集中于盐上层段。在盐上风化壳岩溶储层中发现了靖边大气田,这也是鄂尔多斯盆地到目前为止唯一在下古生界海相碳酸盐岩地层中发现的气田(戴金星等,2014)。由于奥陶系盐上风化壳岩溶储层与上古生界石炭-二叠系煤系烃源岩直接接触,且煤系烃源岩具有极强的生烃能力,因此,绝大部分学者认为奥陶系马家沟组盐上风化壳岩溶储层中的天然气主要来自上古生界石炭-二叠系煤系烃源岩(何自新等,2003;杨华等,2004;米敬奎等,2012;Dai,2016)。

之前由于认识不足及技术落后,很少有井位能钻探至膏岩层之下,导致了长期以来,对于奥陶系马家沟组盐下天然气的认识不足。膏盐岩是优质的盖层,其突破压力大且塑性好,因此,其封盖能力强于常见的其他类盖层。在鄂尔多斯盆地中东部地区发育较厚的膏盐岩沉积,由于膏质洼地为强还原环境,能形成一定厚度的有机质丰度较高的泥质夹层,可以视为潜在烃源岩。又由于该地区经历过频繁的海进、海退,导致了这种泥岩层段及膏盐岩和碳酸盐岩储层在纵向上呈现出有规律的三明治式结构(陈安定,2002;刘德汉等,2004;杨华等,2009;涂建琪等,2016)。因此,深层盐下奥陶系马家沟组在理论上具备了一定的生储盖条件,可能形成天然气藏。

一、下古生界盐下地层特征

鄂尔多斯盆地下古生界仅发育寒武系和奥陶系,其中在盆地中东部地区,奥陶系仅发育马家沟组。马家沟组自下而上可划分为6个岩性段,为一个完整的海进-海退旋回(图4-9)。其中马一(Ma_1)段、马三(Ma_3)段、马五(Ma_5)段为含膏白云岩与盐岩发育段,是海退期台内蒸发岩相沉积层段;马二(Ma_2)段、马四(Ma_4)段、马六(Ma_6)段主要以白云岩、石灰岩为主,为海进期石灰岩盆地相沉积层段。马家沟组这种旋回型叠合发育的特点,有利于形成多种类型的储盖组合。

马家沟组规模最大的一期蒸发旋回发育在马五段,其中,Ma_5^4、Ma_5^6、Ma_5^8和Ma_5^{10}4个亚段为短期海退沉积,是最主要的盐岩、含膏白云岩发育层段。其中又以Ma_5^6亚段的膏盐岩分布最广,面积达5×10^4 km^2(图4-10),盐岩最大累计厚度可达130 m。因而,通常所说的奥陶系马家沟组盐下部分,指的就是Ma_5^6亚段以下的部分。

在鄂尔多斯盆地中东部米脂地区发育较厚的膏盐岩沉积,由于膏质洼地为强还原环境,可以形成有一定厚度的有机质丰度较高的泥质夹层,又由于该地区频繁的海进海退,导致了这种泥岩层段在纵向上有规律地叠置出现。因此,盐下马家沟组具备一定的生烃潜力。既往研究(夏明军等,2007;苗忠英等,2011;姚泾利等,2015,2016;孔庆芬等,2016)表明:马家沟组盐下潜在烃源岩岩性主要以泥岩、含膏白云岩、泥质白云岩为主,总有机碳含量大于0.5%的样品约占30%。但是,由于频繁的海进、海退的影响,这些潜在烃源岩层段单层厚度一般较小,纵向上分布分散且被膏岩层分隔。与上古生界煤系烃源岩相比,马家沟组的这套潜在烃源岩供烃能力较为有限。

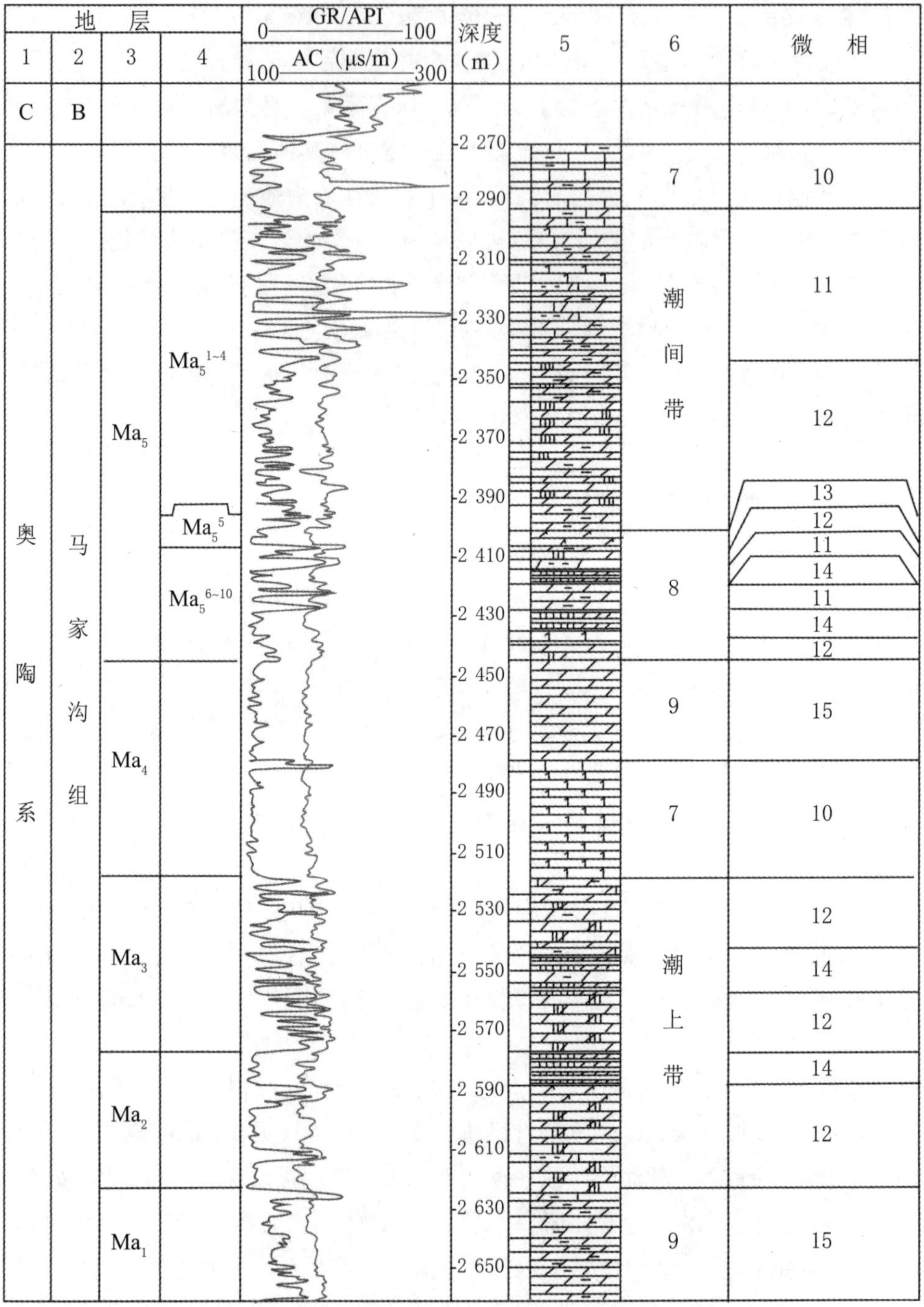

地层				GR/API 0—100 / AC (μs/m) 100—300	深度 (m)	5	6	微相
1	2	3	4					
C	B							
奥陶系	马家沟组	Ma_5	$Ma_5^{1\sim4}$		−2 270 〜 −2 410	潮间带	7	10
								11
								12
			Ma_5^5					13
								12
			$Ma_5^{6\sim10}$				8	11
								14
								11
								14
								12
		Ma_4			−2 450 〜 −2 510		9	15
						潮上带	7	10
		Ma_3						12
								14
								12
		Ma_2						14
								12
		Ma_1			−2 630 〜 −2 650		9	15

图4-9 下古生界奥陶系马家沟组地层综合柱状图

1. 系;2. 组;3. 段;4. 亚段;5. 岩性;6. 亚相;7. 潮下带;8. 潮上带;9. 潮间带;10. 灰岩凹陷;11. 泥质白云岩坪;12. 石膏白云岩坪;13. 灰质白云岩斜坡;14. 膏岩凹陷;15. 白云岩坪;B:本溪组;C:石炭系

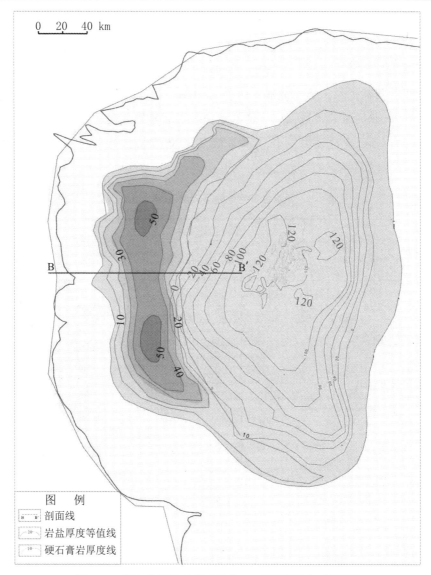

图 4-10　鄂尔多斯盆地马家沟组 Ma_5^6 亚段膏岩层等厚图

二、天然气组分组成特征

通过表 4-5 可以发现,盐下天然气组分组成变化较大。具体来说,有多口井甲烷相对含量小于 90%(约占总样品数的 71%),乙烷含量小于 11.62%,平均值为 1.41%,丙烷含量小于 4.12%,平均值为 0.49%。干燥系数为 81.07% ~ 100%,平均值为 97.51%。非烃组分含量较高,主要是 CO_2 和 N_2。其中 CO_2 含量小于 13.16%,

平均值为3.32％,N_2含量小于91.94％,平均值为12.61％。盐下有些样品含有较高的H_2S,其中JT1和T38井的H_2S含量超过10％,较高的H_2S含量可能与天然气与膏岩层发生了TSR反应有关。由上述论述可知,从天然气组分组成的角度来看,盐下天然气与盐上及上古生界储层天然气明显不同,盐下天然气各个组分含量波动范围较大,非烃组分含量较高。这可能是因为部分盐下气井为低产井,由于烃源岩生烃能力有限,充注动力较小,导致非烃气体N_2、CO_2含量高,烃类气体含量波动较大。

表4-5　鄂尔多斯盆地盐下天然气组分组成特征

井　号	层　位	天然气主要组分							干燥系数	数据来源
		CH_4	C_2H_6	C_3H_8	$i\text{-}C_4H_{10}$	$n\text{-}C_4H_{10}$	CO_2	N_2		
T36	$O_1m_5^{6,8}$	90.96％	0.08％	0.01％	0.00％	0.00％	—	3.71％	99.90％	长庆油田研究院
T36	O_1m_3	82.24％	0.04％	0.00％	0.00％	0.00％	—	6.22％	99.95％	
T37	$O_1m_5^{10}$	88.05％	0.08％	0.01％	0.01％	0.00％	—	5.67％	99.89％	
Su381	$O_1m_5^6$	92.43％	0.14％	0.01％	0.00％	0.00％	3.44％	3.98％	99.83％	
L12	$O_1m_5^7$	93.08％	0.45％	0.13％	0.02％	0.03％	—	3.33％	99.33％	
L30	$O_1m_5^{6,7}$	91.82％	0.35％	0.02％	0.00％	0.00％	—	3.95％	99.60％	
Su234	$O_1m_5^{6,7}$	31.53％	0.06％	0.00％	0.00％	0.00％	3.58％	64.82％	99.78％	
Su379	$O_1m_5^6$	89.40％	0.05％	0.00％	0.00％	0.00％	7.98％	2.57％	99.94％	
T39	$O_1m_5^8$	32.30％	0.02％	0.01％	0.00％	0.00％	—	35.98％	99.91％	
T45	$O_1m_5^6$	73.87％	0.34％	0.31％	0.06％	0.15％	3.66％	21.37％	98.85％	
Su97	$O_1m_5^{6,7}$	70.85％	7.31％	3.30％	0.82％	0.81％	9.77％	6.85％	85.27％	
T40	$O_1m_5^6$	94.01％	0.58％	0.12％	0.01％	0.01％	2.82％	2.45％	99.24％	本书
S322	$O_1m_5^7$	85.01％	0.25％	0.03％	0.01％	0.01％	—	12.63％	99.66％	
S431	$O_1m_5^6$	86.49％	0.24％	0.04％	0.02％	0.03％	13.16％	0.00％	99.63％	
L19	$O_1m_5^7$	84.19％	0.23％	0.01％	0.00％	0.00％	—	5.11％	99.72％	
T39	$O_1m_5^6$	47.17％	0.09％	0.02％	0.01％	0.01％	—	18.99％	99.73％	
T16	$O_1m_5^{7,9}$	7.10％	0.07％	0.01％	0.00％	0.00％	0.87％	91.94％	98.89％	

井 号	层 位	天然气主要组分							干燥系数	数据来源
		CH_4	C_2H_6	C_3H_8	$i\text{-}C_4H_{10}$	$n\text{-}C_4H_{10}$	CO_2	N_2		
JT1	$O_1m_5^{7,9}$	72.06%	0.00%	0.00%	0.00%	0.00%	2.21%	2.15%	100%	刘丹等，2016
T38	$O_1m_5^{7,9}$	87.45%	0.02%	–	–	–	0.45%	1.44%	–	
T74	$O_1m_5^7$	89.77%	0.77%	0.12%	0.04%	0.02%	0.83%	8.42%	98.95%	
Y24	O_1m_2	88.06%	7.41%	2.23%	0.73%	0.67%	0%	0%	88.86%	Cai et al.，2005
E1	O_1m_2	80.38%	11.62%	4.12%	2.09%	0.94%	0%	0%	81.07%	
LT1	$O_1m_5^7$	96.87%	1.80%	0.45%	0.09%	0.04%	0.07%	0.67%	97.60%	杨华等，2009
M17	$O_1m_5^7$	96.37%	1.88%	0.25%	0.07%	0.56%	1.03%	0.35%	97.22%	

三、天然气碳同位素特征

从表4-6可以发现，鄂尔多斯盆地马家沟组盐下天然气甲烷碳同位素值为$-45.9‰\sim-32.4‰$，平均值为$-37.4‰$，相较于盐上及上古生界天然气，盐下天然气甲烷碳同位素值明显偏轻。25个样品中，有22个样品的$\delta_{^{13}C_1}$值轻于$-35‰$，约占88%；乙烷碳同位素值为$-39.4‰\sim-22.6‰$，平均值为$-30.4‰$，与甲烷碳同位素值明显不同的是，乙烷碳同位素值分布较为分散；丙烷碳同位素值为$-33.4‰\sim-19.7‰$，平均值为$-25.9‰$。25个样品中，仅有2个样品的$\delta_{^{13}C_2}-\delta_{^{13}C_1}$小于0，仅有1个样品的$\delta_{^{13}C_3}-\delta_{^{13}C_2}$小于0，说明盐下绝大部分天然气的碳同位素并未发生倒转，为正碳同位素系列（$\delta_{^{13}C_1}<\delta_{^{13}C_2}<\delta_{^{13}C_3}$）（图4-11）。

表4-6 鄂尔多斯盆地盐下天然气碳同位素组成特征

井 号	层 位	$\delta_{^{13}C}$				$\delta_{^{13}C_2}-\delta_{^{13}C_1}$	$\delta_{^{13}C_3}-\delta_{^{13}C_2}$	数据来源
		CH_4	C_2H_6	C_3H_8	C_4H_{10}			
T36	$O_1m_5^{6,8}$	$-35.8‰$	$-35.3‰$	$-25.7‰$	–	0.5	9.6	长庆油田研究院
T36	O_1m_3	$-37.3‰$	$-33.0‰$	$-25.8‰$	–	4.3	7.2	
T37	$O_1m_5^{10}$	$-38.2‰$	$-30.7‰$	$-20.0‰$	–	7.5	10.7	

井 号	层 位	$\delta^{13}C$				$\delta^{13}C_2 - \delta^{13}C_1$	$\delta^{13}C_3 - \delta^{13}C_2$	数据来源
		CH_4	C_2H_6	C_3H_8	C_4H_{10}			
T45	$O_1m_5^6$	−39.1‰	−35.6‰	−26.6‰	−	3.5	9.0	
To75	$O_1m_5^7$	−32.4‰	−22.6‰	−22.4‰	−	9.8	0.2	
To52	$O_1m_5^{10}$	−41.7‰	−25.8‰	−24.6‰	−	15.9	1.2	
Su381	$O_1m_5^{5,6}$	−36.0‰	−34.5‰	−30.5‰	−	1.5	4.0	
S97	$O_1m_5^{6,7}$	−45.9‰	−31.1‰	−28.5‰	−	14.8	2.6	
L30	$O_1m_5^{6,7}$	−34.5‰	−30.7‰	−29.7‰	−	3.8	1.0	
Su379	$O_1m_5^6$	−36.5‰	−39.4‰	−		−2.9	−	
Su234	$O_1m_5^{6,7}$	−37.3‰	−34.0‰	−		3.3	−	
L12	$O_1m_5^7$	−35.1‰	−28.7‰	−		6.4	−	
To51	O_1m_4	−42.1‰	−26.2‰	−		16.0	−	
S322	$O_1m_5^7$	−34.0‰	−37.9‰	−33.‰4	−	−3.9	4.5	本书
S431	$O_1m_5^6$	−35.7‰	−27.1‰	−26.5‰	−	8.6	0.6	
L19	$O_1m_5^7$	−32.6‰	−30.5‰	−30.8‰	−	2.1	−0.3	
T16	$O_1m_5^{7,9}$	−37.0‰	−30.0‰	−26.5‰	−	7.0	3.5	
T39	$O_1m_5^6$	−38.1‰	−31.1‰	−21.9‰	−	7.0	9.2	
JT1	$O_1m_5^{7,9}$	−36.0‰	−23.1‰	−		12.9	−	刘丹等，2016
T38	$O_1m_5^{7,9}$	−35.8‰	−26.5‰	−		9.3	−	
To 74	$O_1m_5^7$	−39.5‰	−29.9‰	−21.7‰	−	9.6	8.2	
E1	O_1m_2	−40.1‰	−32.7‰	−		7.4	−	Cai et al.，2005
Y24	O_1m_2	−39.9‰	−29.1‰	−		10.8	−	
LT1	$O_1m_5^7$	−39.3‰	−23.8‰	−19.7‰	−	15.5	4.1	杨华等，2009
M17	$O_1m_5^7$	−35.1‰	−30.3‰	−26.5‰	−	4.8	3.8	

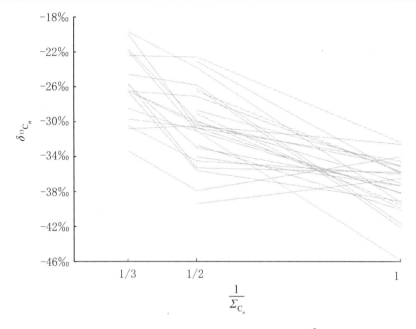

图4-11　鄂尔多斯盆地下古生界盐下天然气 $\delta_{^{13}C_n} - \dfrac{1}{\Sigma_{C_n}}$ 关系图版

如果能够找到一口井,能同时钻穿了马家沟组盐上区段及盐下区段,且在两个区段均可以采集到天然气,这样的井最具有说服力。T37井即为这样的井。在 3 460 m 处,T37井钻遇 Ma_5^4 段储层(膏岩层之上),此处产出的天然气 $\delta_{^{13}C_1}$ 值为 $-35.8‰$,$\delta_{^{13}C_2}$ 值为 $-28.0‰$。在 3 624 m 处,T37井钻遇 Ma_5^{10} 段储层(膏岩层之下),此处产出的天然气 $\delta_{^{13}C_1}$ 值为 $-38.2‰$,$\delta_{^{13}C_2}$ 值为 $-30.7‰$。盐下区段天然气的 $\delta_{^{13}C_n}$ 值均小于盐上区段,由于两部分之间以厚达 100 m 的膏盐岩层阻隔,且盐下区段储层与盐上区段储层之间的垂直距离可达 164 m(图4-12)。因此,上古生界石炭-二叠系煤系烃源岩生成的天然气不可能穿过如此厚且致密的膏盐岩层垂向运移到膏盐下区段储层中。据此判断,盐下层段的天然气为马家沟组盐下层段烃源岩生成的自生自储型天然气。

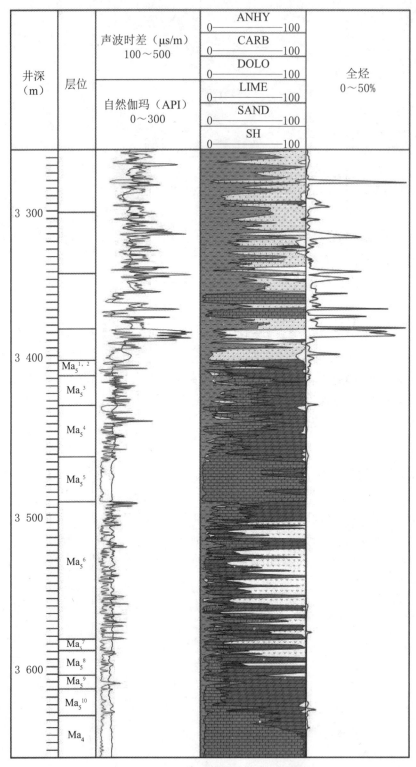

图 4-12　T37 井地球化学综合剖面图

Zhang 等(2018)根据国内外大量天然气数据,重新绘制了 Whiticar 图版(图 4-13)。该图细分了天然气的成因类型。将盐下天然气投影到该图版上,可以发现,盐下天然气全部落入了Ⅵ区,即油型裂解气和Ⅱ型干酪根区域。这反映了盐下天然气具有下古生界海相碳酸盐岩在高成熟阶段生成的原油裂解气的特征。这也间接证明了,下古生界马家沟组海相碳酸盐岩确实具备一定的生烃潜能,在生储盖合适的条件下,可以生成一定数量的天然气。

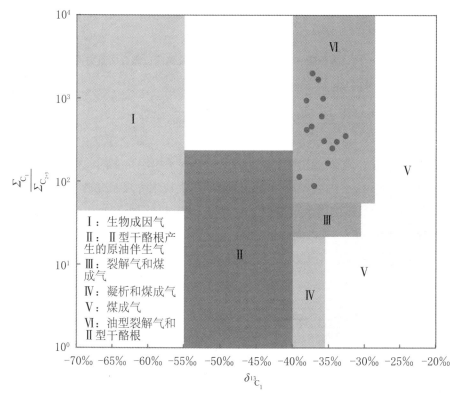

图 4-13　靖边气田盐下地区天然气 $\delta_{13_{C_1}}$-$\dfrac{\Sigma_{C_1}}{\Sigma_{C_{2+3}}}$ 图版

据 Zhang et al.(2018)修改。

然而,上述判断仅仅是根据甲烷碳同位素做出的判断,若从乙烷碳同位素的角度出发,可以发现,25 口井中,有 7 口井的 $\delta_{13_{C_2}}$ 值大于－28‰,显示出明显的煤成气的特征(图 4-14)。这就意味着,利用甲烷碳同位素与利用乙烷碳同位素得出的结论存在一定的差异性。说明盐下的天然气并非全都是盐下海相碳酸盐岩生成的自生自储型天然气,也存在部分具备煤成气特征的天然气,这部分天然气可能是煤系生成的煤成气侧向运移的结果。

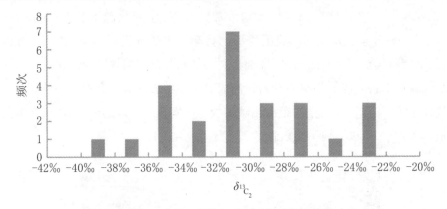

图 4-14 奥陶系马家沟组盐下天然气乙烷碳同位素分布直方图

四、下古生界盐下天然气成藏模式

在加里东风化壳期,受中央古隆起控制,奥陶系地层自东向西依次剥露,在中央古隆起东侧地区,下古生界盐下白云岩储层与上古生界煤系烃源岩直接接触,形成了南北向带状展布的供烃窗口(Yang et al., 2014)(图 4-15)。盐下储层的白云岩化程度更高,厚度大,东西向连续分布,连通性较好,既是储层,又是运移通道,为天然气沿着供烃窗口侧向运移创造了条件。

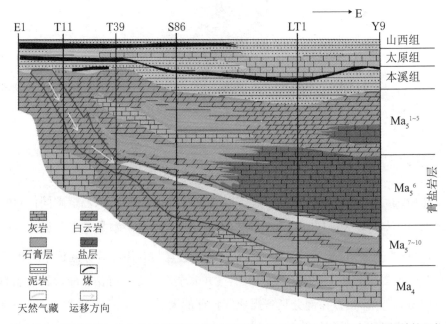

图 4-15 盐下储层与上古生界煤系烃源岩接触关系连井剖面图(山西组的顶部被拉平)

在燕山期,鄂尔多斯盆地东部抬升,古构造格局转变为东高西低,西侧供烃窗口处则恰好处在构造低部位,为上古生界煤系烃源岩生成天然气后向东侧上倾方向运移提供了优势指向(图4-16)。尽管这一构造单斜的倾角非常小,一般为2°~4°,平均坡降为4~6 m/km。但是从燕山期至今一直大致保持了东高西低的构造格局,为生排烃期的天然气运移及其后的调整提供了优势指向,造成上古生界煤系烃源岩生成的天然气不断向盐下目的层段的上倾部位运移、聚集。

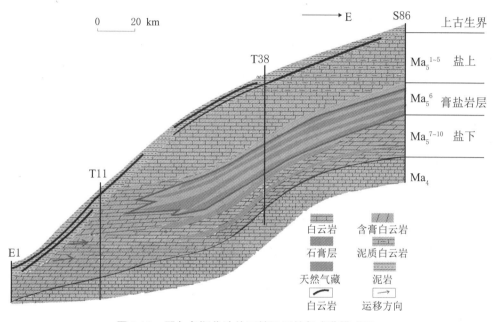

图4-16　鄂尔多斯盆地盐下储层天然气成藏模式图

此外,盐下奥陶系马家沟组海相碳酸盐岩也存在一定的生烃能力(图4-17)。总有机碳含量为0.3%~1.0%,以平均值0.6%来估算,$Ma_5^{6\sim10}$的烃源岩生烃强度在$(0.8\sim2.2)\times10^8$ m³/km²之间;加上Ma_2、Ma_3等具有类似的烃源岩条件的层系,预测其总的生烃强度应当在$(2\sim4)\times10^8$ m³/km²之间(姚泾利等,2015,2016)。虽然远低于上古生界煤系烃源岩的生烃能力,但是盐下马家沟组确实具备一定的生烃能力,能生成一定数量的天然气。

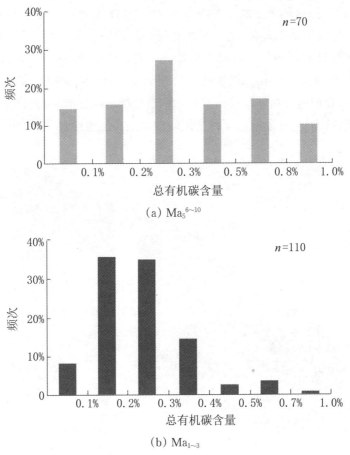

(a) $Ma_5^{6 \sim 10}$

(b) $Ma_{1 \sim 3}$

图 4-17 　鄂尔多斯盆地盐下马家沟组烃源岩总有机碳含量分布直方图

第四节　上古生界及下古生界天然气地球 化学特征对比

　　如前所述,鄂尔多斯盆地的天然气主要储集在上古生界的陆相碎屑岩储层及下古生界的海相碳酸盐岩储层中。其中,上古生界陆相碎屑岩储层中的天然气占据多数,是鄂尔多斯盆地天然气田的主力产层,其天然气以煤成气为主。靖边气田主要储集在下古生界海相碳酸盐岩储层中,之前对于下古生界气藏的勘探开发主要集中在盐上部分。近年来,随着勘探开发的逐渐深入,有越来越多的探井开始钻探至盐下储层。因此,本节将鄂尔多斯盆地已经发现的天然气藏分为三大部分来研究,即上古生界储层中的天然气、下古生界盐上储层中的天然气及下古生界盐下储层中的天然气。通过对这三大部分天然气地球化学特征的对比研究,有助于揭示鄂尔多斯盆地下古生界油型气的来源及碳同位素异常的成因。

一、天然气组分及碳同位素对比

上古生界储层中的天然气、下古生界盐上储层中的天然气及下古生界盐下储层中天然气的组分组成特征对比如图4-18所示。从图中可以发现,上古生界和盐上储层中的天然气富集甲烷,相较而言,下古生界盐下储层中的天然气甲烷含量变化较大。上古生界储层中的天然气甲烷含量为85%~94%,平均值为91%;重烃含量为4%~6%,平均值为5.23%;非烃气体(主要为 N_2 和 CO_2)为1.26%~10.30%,平均值为2.90%。下古生界盐上储层中的天然气甲烷含量相对较高,为92%~99%,平均值为95%;重烃含量为小于2%,平均值为0.97%;非烃气体为1.57%~7.08%,平均值为4.09%。下古生界盐下储层中的天然气组分组成特征见上一节。上古生界储层中天然气的甲烷化系数为91%~97%,平均值为95%;下古生界盐上储层天然气的甲烷化系数为98%~100%;下古生界盐下储层中天然气的甲烷化系数为81%~100%,平均值为97%。

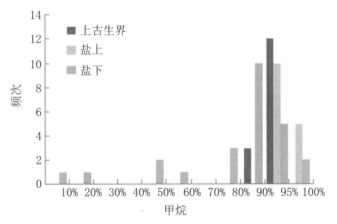

图4-18　上古生界、下古生界盐上及盐下储层中天然气组分组成直方图

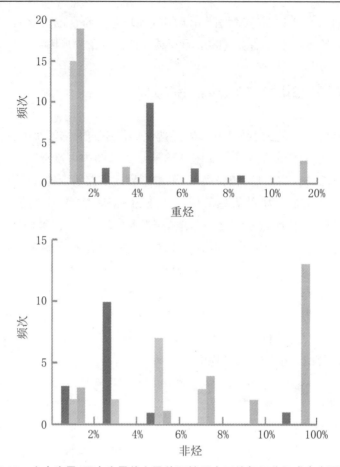

图 4-18　上古生界、下古生界盐上及盐下储层中天然气组分组成直方图(续)

　　上古生界储层中天然气的甲烷碳同位素值为 −35.0‰～−30.6‰，平均值为 −32.5‰，所有的甲烷碳同位素值均大于 −35.0‰；乙烷碳同位素值为 −24.4‰～−22.0‰，平均值为 −23.6‰，所有的乙烷碳同位素值均大于 −28.0‰，这说明上古生界储层中的天然气均为来自于石炭-二叠系煤系烃源岩的煤成气；丙烷碳同位素值为 −26.0‰～−20.7‰，平均值为 −24.0‰；丁烷碳同位素值为 −24.0‰～−21.8‰，平均值为 −22.7‰。

　　下古生界盐上天然气的甲烷碳同位素值轻于上古生界天然气的甲烷碳同位素值(图 4-19)。下古生界盐上天然气的甲烷碳同位素值为 −36.2‰～−31.8‰，平均值为 −34.3‰；乙烷碳同位素值为 −34.1‰～−23.7‰，平均值为 −27.2‰，下古生界盐上天然气的丙烷及丁烷碳同位素值与上古生界的分布范围类似；丙烷碳同位素值为 −28.4‰～−22.4‰，丁烷碳同位素值为 −25.1‰～−20.1‰。

　　下古生界盐下天然气的碳同位素值与上古生界及下古生界盐上天然气的碳同

位素值差距较大。甲烷及乙烷碳同位素值明显轻于前两者,具体碳同位素组成特征见上一节。

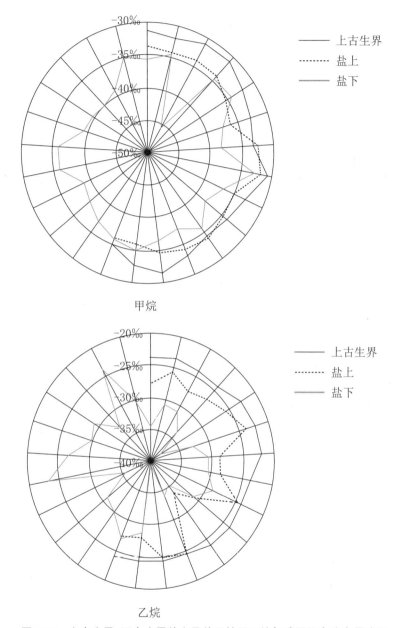

图4-19　上古生界、下古生界盐上及盐下储层天然气碳同位素分布雷达图

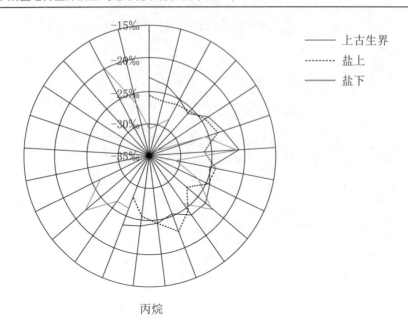

丙烷

图4-19　上古生界、下古生界盐上及盐下储层天然气碳同位素分布雷达图（续）

$\ln(\Sigma_{C_2H_6}/\Sigma_{CH_4})$ 和 $\delta^{13}_{C_2}-\delta^{13}_{C_1}$ 图版可以用来进行天然气来源的研究。我们将上古生界储层、下古生界盐上储层及下古生界盐下储层中的天然气投影到该图版上（图4-20）可以发现，下古生界盐下储层中的天然气分布范围最为广泛，而盐上及上古生界储层中的天然气分布范围则较为局限，且两者没有交集。上古生界及盐上储层中的天然气是盐下储层中天然气的子集，换句话说，盐下储层中的天然气包含了上古生界储层和盐上储层中天然气的特点，这说明，盐下储层中的天然气中既有石炭-二叠系煤系烃源岩的贡献，又与盐上储层中的天然气类似，存在下古生界奥陶系马家沟组的贡献。

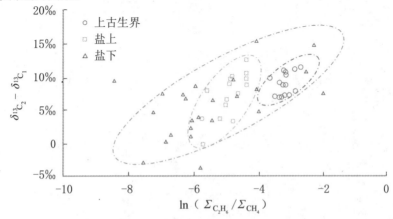

图4-20　上古生界、下古生界盐上及盐下储层中天然气$\ln(\Sigma_{C_2H_6}/\Sigma_{CH_4})$与$\delta^{13}_{C_2}-\delta^{13}_{C_1}$关系图版

同一来源的天然气具有相似的碳同位素折线图。因此,可以利用碳同位素折线图判断天然气是否存在混源。为了便于对比,我们将纵坐标区间设为一致(图4-21)。从图4-21中可以发现,上古生界、下古生界盐上和盐下储层中的天然气折线图各不相同,上古生界储层中天然气的碳同位素折线图分布最为紧凑,反映了天然气为单一来源。相较于上古生界,下古生界盐上储层中天然气的碳同位素折线图分布较为分散,反映了盐上天然气较为复杂的来源。在三者中,下古生界盐下储层中天然气的碳同位素值分布范围最为分散,从图中可以发现,盐下天然气的碳同位素值的分布区间包含了上古生界和盐上。即上古生界和盐上储层中天然气是盐下天然气的子集。盐下储层中天然气的地球化学特征同时具有上古生界煤成气和盐上天然气的特征。说明盐下储层天然气中有上古生界煤系烃源岩和奥陶系马家沟组的贡献,为两者混合成因的天然气。

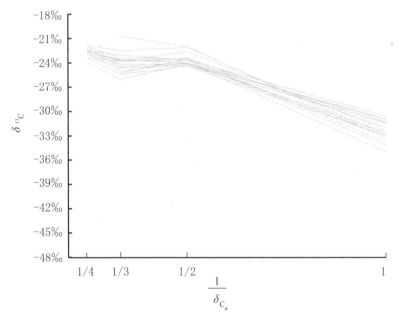

(a)上古生界储层中天然气碳同位素折线图

图4-21 上古生界、下古生界盐上及盐下储层中天然气碳同位素折线图

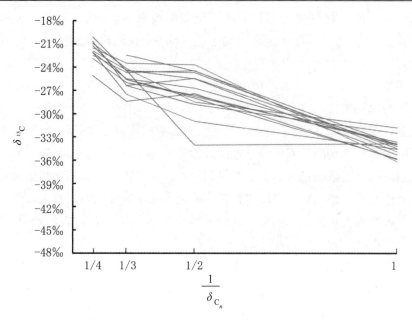

(b) 下古生界盐上储层中天然气碳同位素折线图

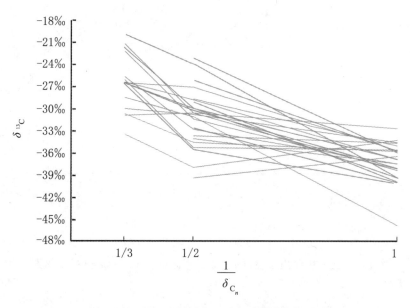

(c) 下古生界盐下储层中天然气碳同位素折线图

图4-21 上古生界、下古生界盐上及盐下储层中天然气碳同位素折线图(续)

我们将上古生界、下古生界盐上及盐下储层中的天然气投影到更新后的
Milkov图版中(图4-22)可以发现,从上古生界到下古生界盐上储层,再到下古生界
盐下储层,发生了运移分馏作用。这意味着,三者之间存在成因上的关联。上古生

界和盐上储层中的天然气运移并在下古生界盐下储层中成藏。

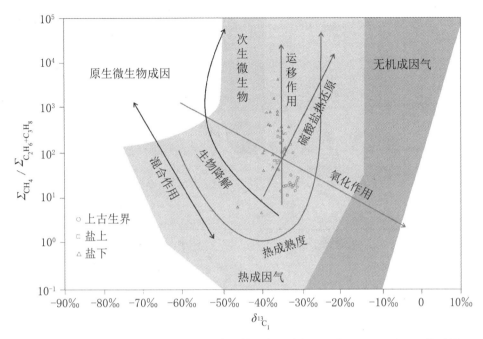

图 4-22　上古生界、下古生界盐上及盐下储层中天然气 $\Sigma_{CH_4}/\Sigma_{C_2H_6+C_3H_8}$ 和 $\delta^{13}C_1$ 关系图

上古生界、盐上及盐下天然气的 $\delta^{13}C_n$ 与 $\delta^{13}C_2-\delta^{13}C_1$ 之间存在着一定的区别与联系（图4-23）。从图中可以发现，三者既具有不同的趋势，又存在一定的相关性。上古生界的天然气分布在最右侧（横坐标轴），延伸最短（纵坐标轴）。说明上古生界天然气 $\delta^{13}C_n$ 值最重、乙烷碳同位素与甲烷碳同位素值差值最小。盐下天然气分布在最左侧（横坐标轴），延伸最长（纵坐标轴）。说明盐下天然气 $\delta^{13}C_n$ 值的分布区间最大，乙烷碳同位素与甲烷碳同位素值之差波动最大。盐上储层的天然气分布在两者之间。从上古生界到盐上，再到盐下，$\delta^{13}C_n$ 值与 $\delta^{13}C_2-\delta^{13}C_1$ 的分布区间逐渐增加。这说明两个问题，一是三者的天然气之间存在一定的过渡性亲缘关系，换句话说，上古生界生成的煤成气较为"强势"，它直接影响了盐上及盐下储层中天然气的地球化学特征，是盐上及盐下天然气的来源之一。二是从上古生界到盐上，再到盐下，发生了运移分馏作用，导致了天然气的 $\delta^{13}C_n$ 值与 $\delta^{13}C_2-\delta^{13}C_1$ 的分布区间逐渐增大。

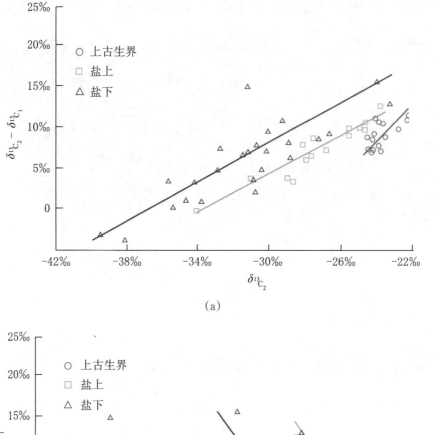

图 4-23　上古生界、下古生界盐上及盐下储层天然气 $\delta_{^{13}C_n}$ 与 $\delta_{^{13}C_2}-\delta_{^{13}C_1}$ 相关关系图

　　我们绘制了乙烷百分含量与碳同位素之间的相关关系图（图 4-24）。从图中可以发现，从上古生界到盐上再到盐下，呈非常明显的递变序列，即乙烷组分含量逐渐降低，甲烷及乙烷碳同位素值逐渐变小。这同样说明，三者的天然气来源存在一

定的亲缘关系,即盐下天然气中有上古生界煤系烃源岩的贡献,煤系烃源岩生成的煤成气在运移的过程中,发生了运移分馏作用,导致了甲烷及乙烷碳同位素存在一个递减的过程。

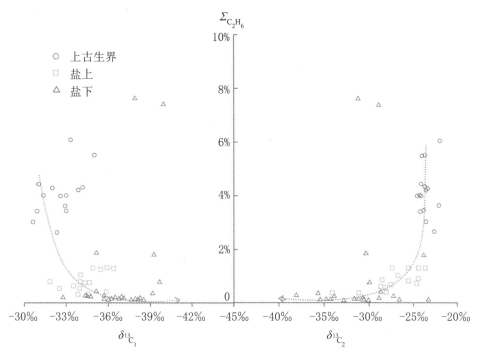

图4-24　上古生界、下古生界盐上及盐下储层中天然气的 $\delta_{^{13}C_n}$ 和 $\Sigma_{C_2H_6}$ 相关关系图

我们收集整理了北美地区几个盆地天然气的地球化学参数,并与鄂尔多斯盆地盐下储层的天然气进行了对比。从图4-25中可以看出,与北美地区几个盆地的天然气明显不同,鄂尔多斯盆地盐下储层的天然气主要分布在两个范围内,即二次裂解和瑞利分馏区间。位于瑞利分馏阶段的天然气,显然是来自于上古生界的煤系烃源岩,这部分煤成气由于经历了长距离的侧向运移,发生了瑞利分馏,故落入了瑞利分馏范围内。而位于二次裂解区间的天然气则来自于盐下奥陶系马家沟组,由于盐下较高的成熟度,导致奥陶系马家沟组早期生成的油和凝析物二次裂解产气,开始进入二次裂解阶段。

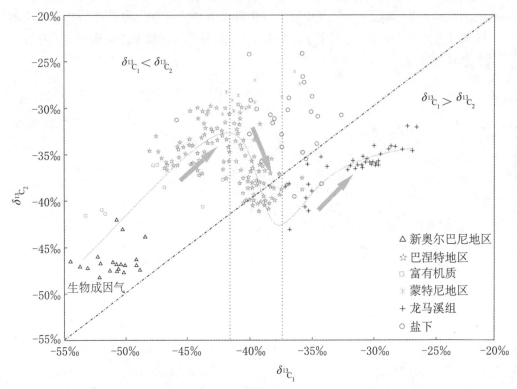

图4-25　北美地区和鄂尔多斯盆地盐下天然气 $\delta_{13_{C_2}}$-$\delta_{13_{C_1}}$ 相关关系图

二、流体包裹体特征

下古生界奥陶系马家沟组盐下孔洞中,充填物包裹体的均一温度为90~220 ℃,其间为连续过渡。在包裹体均一温度直方图上出现三个峰,落在90~120 ℃,120~160 ℃,160~200 ℃温度区间内的样品数明显较多,分别占统计总数的18.9%,39.7% 和37%(图4-26)。

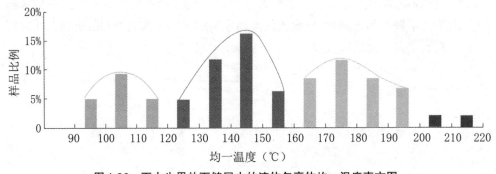

图4-26　下古生界盐下储层中的流体包裹体均一温度直方图

下古生界盐下储层中的流体包裹体的均一温度分布直方图中,前两个温度区间(90~120 ℃及120~160 ℃)与上古生界及盐上包裹体均一温度存在重合(图4-27),说明下古生界盐下储层的天然气中与前两者具有一定的亲缘关系。盐下储层中流体包裹体存在160~200 ℃的温度区间,该温度区间与上古生界及盐上不同。这可能代表了盐下奥陶系马家沟组的贡献,即盐下奥陶系马家沟组也可能形成一定数量的自生自储型天然气,这部分天然气可能数量不多,但是会对天然气的地球化学特征造成一定的影响。

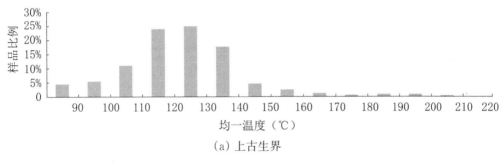

（a）上古生界

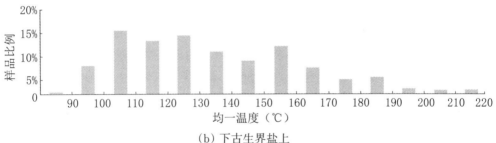

（b）下古生界盐上

图4-27　上古生界及下古生界盐上储层中流体包裹体均一温度分布直方图

盐下流体包裹体中天然气的甲烷碳同位素值偏轻,大部分小于−35‰(表4-7),这一点明显区别于上古生界和盐上。我们计算了上古生界和下古生界盐上天然气的甲烷碳同位素平均值。上古生界和盐上天然气甲烷的碳同位素平均值均重于−35‰,然而,盐下流体包裹体中天然气的甲烷碳同位素值却轻于−35‰。由于流体包裹体中捕获的天然气为初次生成时的天然气,并未经历后期次生作用的改变。这说明了盐下奥陶系马家沟组具备一定的生烃能力。相较于盐下的天然气,盐上的天然气更容易受到上古生界煤系烃源岩的影响。因此,盐上天然气的地球化学特征介于上古生界与盐下天然气之间的地球化学特征。

表4-7　上古生界、下古生界盐上及盐下流体包裹体中天然气的甲烷碳同位素值

井　号	地　层	与奥陶系顶界的距离	$\delta_{{}^{13}C_1}$
各井平均值	上古生界	–	−32.6/92
各井平均值	盐上	–	−33.0/31
S373	$O_1m_5^6$（盐下）	129.2	−35.2
	$O_1m_5^6$（盐下）	130.7	−35.1
Su243	$O_1m_5^7$（盐下）	38.4	−35.8
	$O_1m_5^7$（盐下）	67.7	−34.9
Su234	$O_1m_5^{10}$（盐下）	58.5	−35.5

第五节　靖边气田南部地区天然气地球化学特征

前文已经述及,鄂尔多斯盆地具有上、下古生界两套含气系统,天然气的产层绝大部分为上古生界,只有靖边气田的天然气储集在下古生界奥陶系马家沟组的岩溶风化壳储层中。之前的学者将研究的重点集中于靖边气田的中部及北部地区,而对南部地区鲜有研究,这在一定程度上导致了对气源分析缺乏整体认识。近年来,随着勘探开发地进一步推进,在靖边气田的南部地区钻探了大量的井位。这为加深南部地区天然气的研究提供了物质基础,也为揭开靖边气田天然气碳同位素的异常现象提供了更多的样本。

靖边气田南部地区明显不同于中、北部地区,南部地区的成熟度更高(图4-28),且相较于中、北部地区,有更多的天然气出现了碳同位素的倒转现象。碳同位素的异常现象是否与前面提到的油型气的混入有关? 南部地区成熟度极高。这过高的成熟度是否与碳同位素的倒转有关? 厘清这两个问题将有助于解决鄂尔多斯盆地古生界油型气的来源问题以及为靖边气田天然气的碳同位素异常问题提供证据。

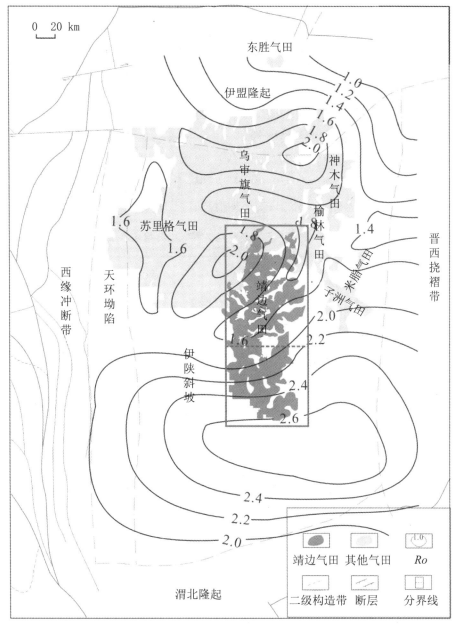

图 4-28 鄂尔多斯盆地成熟度等值线图

据戴金星等(2016)修改。

一、天然气组分特征

鄂尔多斯盆地靖边气田南部地区下古生界天然气以烷烃气为主,其中甲烷含量为55.54%～96.09%,平均值为90.04%;乙烷含量为0.05%～0.72%,平均值为0.32%。这部分天然气由于热成熟度过高,导致干燥系数极高,为99.06%～99.94%,重烃含量(C_{2+})较低,为典型的干气(这一点明显区别于上古生界天然气)。天然气中非烃组分主要为CO_2和N_2,其中,N_2含量为小于13.78%,平均值为3.15%,CO_2含量为2.07%～31.54%,平均值6.47%(表4-8)。

表4-8 靖边气田南部地区天然气组分组成特征

井号	层位	天然气主要组分							干燥系数	数据来源
		CH_4	C_2H_6	C_3H_8	i-C_4H_{10}	n-C_4H_{10}	CO_2	N_2		
S339	O_1m_5	93.51%	0.72%	0.13%	0.02%	0.02%	3.43%	2.12%	99.06%	长庆油田研究院
S430	O_1m_5	55.54%	0.27%	0.05%	0.00%	0.01%	31.54%	12.58%	99.41%	
S323	O_1m_5	91.14%	0.40%	0.06%	0.01%	0.01%	5.93%	2.43%	99.48%	
S438	O_1m_5	94.92%	0.41%	0.03%	0.00%	0.00%	3.99%	0.63%	99.54%	
S265	O_1m_5	96.09%	0.38%	0.06%	0.00%	0.01%	4.26%	0.25%	99.53%	
S430	O_1m_5	79.63%	0.29%	0.04%	0.00%	0.00%	6.25%	13.78%	99.59%	
S434	O_1m_5	92.74%	0.35%	0.03%	0.00%	0.00%	4.07%	2.77%	99.59%	
S441	O_1m_5	85.03%	0.21%	0.04%	0.02%	0.03%	14.65%	0.00%	99.65%	
S373	O_1m_5	92.36%	0.30%	0.03%	0.00%	0.00%	5.93%	1.37%	99.64%	
S322	O_1m_5	85.01%	0.25%	0.03%	0.01%	0.01%	2.07%	12.63%	99.65%	
Su222	O_1m_5	92.26%	0.27%	0.03%	0.00%	0.00%	5.67%	1.76%	99.68%	
S377	O_1m_5	95.86%	0.27%	0.03%	0.00%	0.00%	2.80%	1.05%	99.69%	
Su222	O_1m_5	90.87%	0.24%	0.03%	0.00%	0.00%	4.82%	4.04%	99.70%	
S323	O_1m_5	93.29%	0.25%	0.02%	0.00%	0.00%	6.44%	0.00%	99.71%	
Su127	O_1m_5	84.28%	0.19%	0.01%	0.00%	0.00%	7.41%	8.11%	99.76%	
Su379	O_1m_5	89.40%	0.05%	0.00%	0.00%	0.00%	7.98%	2.57%	99.94%	
G71-13	O_1m_5	93.65%	0.32%	0.01%	0.00%	0.00%	5.42%	0.54%	99.65%	刘丹等,2016
G69-9	O_1m_5	91.16%	0.31%	0.03%	0.00%	0.00%	7.98%	0.48%	99.63%	
JN57-9H3	O_1m_5	91.51%	0.32%	0.04%	0.00%	0.00%	7.60%	0.50%	99.61%	

井号	层位	天然气主要组分							干燥系数	数据来源
		CH_4	C_2H_6	C_3H_8	$i\text{-}C_4H_{10}$	$n\text{-}C_4H_{10}$	CO_2	N_2		
S128	O_1m_5	94.71%	0.19%	0.01%	0.00%	0.00%	3.58%	1.50%	99.79%	
S102	O_1m_5	93.81%	0.42%	0.13%	0.02%	0.02%	3.43%	2.12%	99.38%	
S299	O_1m_5	93.31%	0.59%	0.10%	0.02%	0.02%	3.34%	2.58%	99.22%	本书
S288	O_1m_5	95.86%	0.27%	0.03%	0.00%	0.00%	2.80%	1.05%	99.69%	
S382	O_1m_5	94.92%	0.41%	0.03%	0.00%	0.00%	3.99%	0.63%	99.54%	

二、天然气碳同位素特征

从表4-9可以发现,靖边气田南部地区甲烷碳同位素值为$-36.5‰\sim-29.8‰$,平均值为$-32.6‰$,其中,甲烷碳同位素值大于$-35.0‰$的占89.5%,即有接近90%的天然气样品,甲烷碳同位素值大于$-35.0‰$。乙烷碳同位素值为$-39.4‰\sim-26.5‰$,平均值为$-34.9‰$。38个样品中,仅有2个气样的乙烷碳同位素值大于$-28‰$。相较于上古生界天然气,乙烷碳同位素值明显偏轻,按照$\delta^{13}C_2$值为$-28‰$的标准,靖边气田南部地区绝大部分气样显示出油型气的特征。丙烷碳同位素值为$-33.4‰\sim-24.1‰$,平均值为$-29.5‰$。由于成熟度较高,因此丁烷的含量极少,也就很难检测出丁烷碳同位素值。有超过84%的天然气样品出现了$\delta^{13}C_1>\delta^{13}C_2$的倒转现象(图4-29),这种倒转现象较为罕见,其具体原因将在下一章论述。38个样品中,除了5口井没有$\delta^{13}C_3$值外,其他所有样品的$\delta^{13}C_3-\delta^{13}C_2$均大于0,即$\delta^{13}C_2<\delta^{13}C_3$。从上面的分析可以发现,靖边气田南部地区的天然气碳同位素值表现出$\delta^{13}C_1>\delta^{13}C_2$,$\delta^{13}C_2<\delta^{13}C_3$的特点,即乙烷碳同位素值是最轻的,出现了较为罕见的$\delta^{13}C_1>\delta^{13}C_2$倒转现象。

表4-9　靖边气田南部地区天然气碳同位素组成特征

井　号	层　位	$\delta^{13}C$				$\delta^{13}C_2-\delta^{13}C_1$	$\delta^{13}C_3-\delta^{13}C_2$	数据来源
		CH_4	C_2H_6	C_3H_8	C_4H_{10}			
S430	O_1m_5	$-31.2‰$	$-32.7‰$	$-26.2‰$	—	-1.5	6.5	长庆油田研究院
S323	O_1m_5	$-33.4‰$	$-35.9‰$	$-30.1‰$	—	-2.5	5.8	
S265	O_1m_5	$-31.0‰$	$-37.3‰$	$-32.8‰$	—	-6.3	4.5	

井 号	层 位	δ_{13C}				$\delta_{13C_2} - \delta_{13C_1}$	$\delta_{13C_3} - \delta_{13C_2}$	数据来源
		CH_4	C_2H_6	C_3H_8	C_4H_{10}			
S430	O_1m_5	−32.2‰	−33.8‰	−27.4‰	−	−1.6	6.4	
S434	O_1m_5	−31.6‰	−35.8‰	−30.6‰	−	−4.2	5.2	
S441	O_1m_5	−32.2‰	−36.8‰	−29.7‰	−	−4.6	7.1	
Su222	O_1m_5	−32.7‰	−34.2‰	−30.0‰	−	−1.5	4.2	
S377	O_1m_5	−32.9‰	−36.5‰	−	−	−3.6	−	
Su222	O_1m_5	−31.8‰	−33.6‰	−29.6‰	−	−1.8	4	
Su379	O_1m_5	−36.5‰	−39.4‰	−	−	−2.9	−	
G71-13	O_1m_5	−32.5‰	−37.5‰	−32.2‰	−	−5.0	5.3	
G69-9	O_1m_5	−32.1‰	−33.5‰	−29.4‰	−	−1.4	4.1	
JN57-9H3	O_1m_5	−32.9‰	−34.3‰	−27.5‰	−	−1.4	6.8	
Su127	O_1m_5	−32.7‰	−35.7‰	−30.6‰	−	−3.0	5.2	
L53	O_1m_5	−33.0‰	−36.6‰	−	−	−3.6	−	刘丹等，2016
S322	O_1m_5	−34.0‰	−37.9‰	−33.4‰	−	−3.9	4.5	
S323	O_1m_5	−34.4‰	−36.3‰	−31.3‰	−	−1.9	5.0	
S374	O_1m_5	−32.1‰	−34.0‰	−28.3‰	−	−1.9	5.8	
S273	O_1m_5	−31.2‰	−36.8‰	−29.9‰	−	−5.6	6.9	
S339	O_1m_5	−31.6‰	−37.3‰	−29.4‰	−	−5.7	8.0	
S438	O_1m_5	−31.7‰	−37.8‰	−33.3‰	−	−6.1	4.5	
S310	O_1m_5	−35.2‰	−34.3‰	−27.9‰	−	0.9	6.4	
S319	O_1m_5	−33.2‰	−33.1‰	−	−	0.1	−	
S323	O_1m_5	−34.4‰	−36.3‰	−31.3‰	−	−1.9	5.0	肖晖等，2013
S373	O_1m_5	−32.7‰	−33.6‰	−25.6‰	−	−0.9	8.0	
S381	O_1m_5	−31.0‰	−35.2‰	−27.4‰	−	−4.2	7.8	
S400	O_1m_5	−29.8‰	−31.1‰	−28.8‰	−	−1.3	2.3	
Su127	O_1m_5	−32.7‰	−35.7‰	−30.6‰	−	−3.0	5.2	

井　号	层　位	$\delta^{13}C$				$\delta^{13}C_2 - \delta^{13}C_1$	$\delta^{13}C_3 - \delta^{13}C_2$	数据来源
		CH_4	C_2H_6	C_3H_8	C_4H_{10}			
Su222	O_1m_5	−32.7‰	−34.2‰	−30.0‰	−	−1.5	4.2	
S431	O_1m_5	−35.8‰	−27.0‰	−26.1‰	−	8.8	0.8	
Su203	O_1m_5	−33.6‰	−26.5‰	−	−	7.1	−	
S128	O_1m_5	−35.2‰	−34.3‰	−27.9‰	−	0.9	6.4	
S102	O_1m_5	−31.6‰	−37.3‰	−29.4‰	−	−5.7	8.0	
S299	O_1m_5	−32.7‰	−33.6‰	−25.6‰	−	−0.9	8.0	本书
S288	O_1m_5	−31.6‰	−35.8‰	−30.6‰	−	−4.3	5.2	
S382	O_1m_5	−32.9‰	−32.5‰	−27.3‰	−	0.4	5.2	
S106	O_1m_5	−30.7‰	−37.5‰	−30.0‰	−	−6.9	7.6	夏新宇等，1998c
S96	O_1m_5	−31.1‰	−33.7‰	−24.1‰	−	−2.6	9.6	

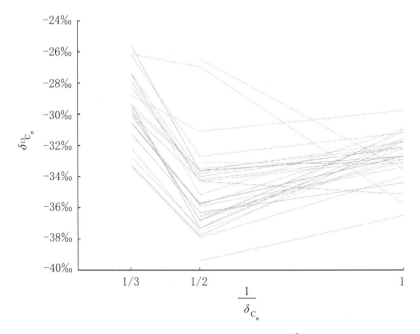

图4-29　靖边气田南部地区天然气 $\delta^{13}C_n$ - $\frac{1}{\delta_{C_n}}$ 关系图版

前文已经述及，Whiticar(1999)图版可以用来鉴别天然气的成因类型及母质类型。除此之外,还可以用来判断成熟度对天然气的影响(图4-30)。将靖边气田南部地区天然气投影到Whiticar图版上可以发现,天然气样品绝大部分落在了Ro增加的趋势线上,仅有个别气样落入了Ⅱ型干酪根的范围内,剩余绝大部分样品无法判断其干酪根的类型。这一现象说明,南部地区过高的成熟度对天然气碳同位素值产生了较大影响,在研究南部高成熟地区天然气的地球化学特征时,必须考虑成熟度的因素。此外,个别天然气样品落入了Ⅱ型干酪根范围内,说明南部地区的天然气确实存在部分海相来源的天然气的混合,只是混合的比例较少(这一现象与第三章及第四章前两节的结论一致)。这部分油型气虽然所占比例较少,但是却对判断天然气来源有较大影响。此外,靖边气田南部地区较为罕见的$\delta_{13_{C_1}} > \delta_{13_{C_2}}$倒转现象究竟是过高的成熟度造成的还是油型气的混入导致的,或是两者兼而有之。这一问题将在下一章节论述。

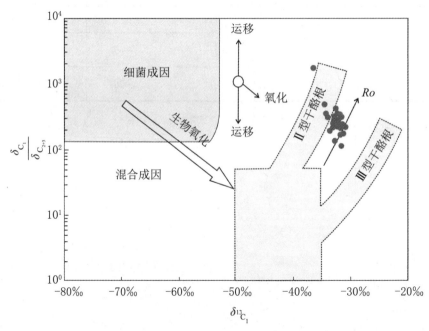

图4-30 靖边气田南部地区天然气$\delta_{13_{C_1}}$-$\dfrac{\delta_{C_1}}{\delta_{C_{2+3}}}$图版

据Whiticar(1999)修改。

戴金星等(1992)根据中国、美国、加拿大等世界各地500多个天然气气样的资料将上述图版作了进一步划分(图4-31)。从图中可以发现,靖边气田南部地区的天然气几乎都落入了Ⅱ$_2$区(二次裂解气区),仅有1个样品落入了Ⅲ$_1$区(油型裂解气和煤成气区),这说明高成熟度作用导致了早期尚未裂解的干酪根及滞留的液态烃又发生了二次裂解,从而导致了碳同位素的倒转。

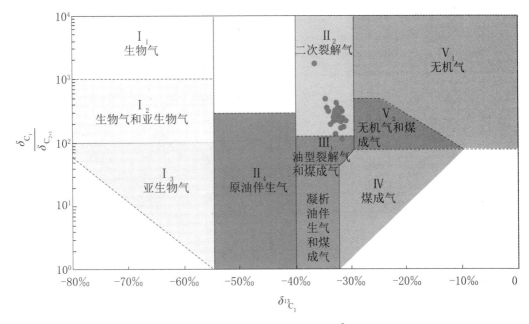

图 4-31　靖边气田南部地区天然气 $\delta_{13_{C_1}}$ - $\dfrac{\delta_{C_1}}{\delta_{C_{2+3}}}$ 图版

据戴金星(1992)修改。

　　上文已经述及,应用戴金星提出的 $\delta_{13_{C_1}}$ - $\delta_{13_{C_2}}$ - $\delta_{13_{C_3}}$ 碳同位素辨识图版,可以判断不同成因类型的天然气(图4-32)。从图中可以发现,在 $\delta_{13_{C_1}}$ - $\delta_{13_{C_2}}$ 象限内,南部地区绝大部分天然气落入了Ⅲ区,即碳同位素倒转混合气区,仅有1个点落入了Ⅱ区,即油型气区;2个点落入了Ⅰ区,即煤成气区。在 $\delta_{13_{C_2}}$ - $\delta_{13_{C_3}}$ 象限内,情况则不尽相同。与 $\delta_{13_{C_1}}$ - $\delta_{13_{C_2}}$ 象限相比, $\delta_{13_{C_2}}$ - $\delta_{13_{C_3}}$ 象限内的点分散的更广,横跨Ⅰ、Ⅱ、Ⅲ、Ⅳ4个区域,其中以Ⅲ区(碳同位素倒转混合气区)和Ⅱ区(油型气区)最多。

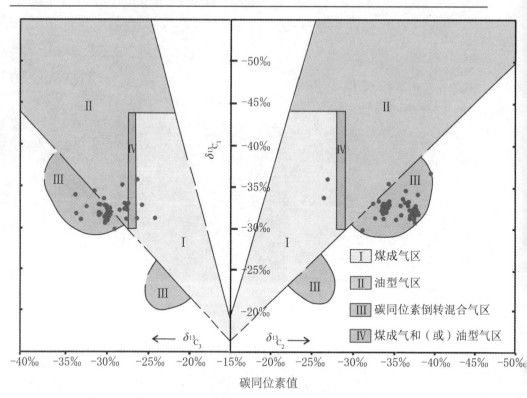

图4-32　靖边气田南部地区$\delta_{13_{C_1}}$-$\delta_{13_{C_2}}$-$\delta_{13_{C_3}}$天然气成因鉴别图版

据戴金星(1992)修改。

第五章　天然气碳同位素倒转成因

前面几章已经述及,下古生界靖边气田的天然气碳同位素值出现了倒转。正是这种碳同位素的异常现象导致了靖边气田自发现以来其天然气来源的争议。厘清碳同位素倒转的成因,无疑是解开靖边气田天然气来源的关键所在。油型气的混入是否会导致天然气碳同位素的倒转?碳同位素的倒转是否还有其他原因?本章对碳同位素倒转的研究将从新的角度解释靖边气田中油型气来源的问题,也是弄清靖边气田天然气来源绕不开的一个科学问题。

天然气碳同位素值是最为稳定、使用最广泛,也是目前应用最为成熟的地球化学指标。在有机质演化过程中,生物作用、化学热力学作用和动力学作用等一系列复杂作用会导致碳同位素出现同位素效应和同位素分馏效应,从而导致不同成因类型的天然气中碳同位素组成的差异。因此,它可以用来判别天然气的成因类型、来源及成熟度。

如果天然气的碳同位素值(δ_{13_C})随着碳分子数的增加而依次递增,则称之为正碳同位素系列,即$\delta_{13_{C_1}} < \delta_{13_{C_2}} < \delta_{13_{C_3}} < \delta_{13_{C_4}}$,这种规律一般是有机成因天然气的典型特征。如果碳同位素值随天然气碳分子数的增加而依次递减,则称之为负碳同位素系列,即$\delta_{13_{C_1}} > \delta_{13_{C_2}} > \delta_{13_{C_3}} > \delta_{13_{C_4}}$,一般是无机成因天然气的典型特征。如果碳同位素值随着碳分子数的增加而呈现出无规律的变化,则称之为碳同位素的倒转或反转。这种现象在不同的地区会以不同的形式出现,如$\delta_{13_{C_1}} > \delta_{13_{C_2}}$,$\delta_{13_{C_2}} < \delta_{13_{C_3}}$,$\delta_{13_{C_3}} < \delta_{13_{C_4}}$或$\delta_{13_{C_1}} < \delta_{13_{C_2}}$,$\delta_{13_{C_2}} > \delta_{13_{C_3}}$,$\delta_{13_{C_3}} < \delta_{13_{C_4}}$等。

天然气碳同位素值出现倒转,概括起来,主要有以下几大类原因:一是混合作用所导致的碳同位素倒转,具体包括:有机成因气和无机成因气的混合(如松辽盆地升平气田升61井和升66井)、煤成气和油型气的混合(如四川盆地南部二叠系气藏)、同型不同源或同源不同期气的混合(如四川盆地川东地区中石炭统卧52井,相18井及池18井)、气层气和水溶气的混合(如四川盆地中19井、中37井);二是高温作用或高成熟度作用(如美国 Arkoma 气区 Fayetteville 页岩气、加拿大盆地Horn River 页岩气);三是运移分馏作用;四是次生变化导致的碳同位素倒转,包括细菌氧化、二次裂解、过渡金属和水介质发生次生作用(戴金星等,2003,2016;

Fuex, 1977; Burruss et al., 2010; Zumberge et al., 2012; Tilley et al., 2013; Xia et al., 2013; Saadati et al., 2016)。

碳同位素倒转研究可以为天然气的成因类型、是否为原生天然气及天然气生成后是否又经历了某种次生变化提供重要佐证。同时,也为研究天然气运移及气源对比的研究提供了间接证明。从第四章的论述可以看出,在靖边气田下古生界马家沟组储层及靖边气田南部地区均出现了不同程度的天然气碳同位素的倒转现象,也正是由于碳同位素倒转现象的存在,使得靖边气田中天然气的来源一直存在争议。这种碳同位素的倒转或异常究竟是何种原因导致的,是否与油型气的混入有关呢? 合理地解释碳同位素的倒转现象,是确定靖边气田天然气来源的关键性科学问题,也是解开古生界中油型气来源的关键所在。

第一节　高成熟度作用

本书的第四章第五节中系统地分析研究了下古生界靖边气田南部地区天然气的地球化学特征(组分组成特征及碳同位素特征)。在靖边气田南部地区的实例中,我们发现靖边气田南部地区天然气的碳同位素存在倒转现象。由于靖边气田南部地区成熟度高于其他地区,因此,我们有理由怀疑天然气的碳同位素倒转现象可能与该地区较高的成熟度有关。

为了弄清楚碳同位素倒转与成熟度之间的相关关系,在第四章第五节所述靖边气田南部地区天然气地球化学特征研究的基础上,我们进一步补充选取了上古生界榆林气田及靖边气田北部地区的天然气,将其与靖边气田南部地区进行对比研究。之所以选取靖边气田北部地区,是因为靖边气田南、北部地区成熟度存在较大差异,北部地区的成熟度相对于南部地区偏低。将靖边气田南、北部地区进行对比,可以确定成熟度对天然气碳同位素值倒转的影响。之所以选取榆林气田,是由于以下两个原因:一是榆林气田在地理位置上紧靠靖边气田,整体区域构造背景类似,两者存在一定程度的可比性;更为重要的是,榆林气田产自上古生界储层,而靖边气田产自下古生界储层,两者代表了鄂尔多斯盆地古生界两套不同的含气系统,将榆林气田与整个靖边气田进行对比,不仅可以搞清成熟度对天然气碳同位素倒转的影响,还可以验证天然气碳同位素的倒转是否与上、下古生界两套含气系统有关。

流体包裹体中捕获的天然气保留了其初次生成时的地球化学特征,是研究各种次生作用对天然气碳同位素倒转影响的理想切入点。本章选取延安气田流体包裹体,并将其与北部气田流体包裹体中捕获的天然气的地球化学特征作对比,可以破译后期次生作用对天然气碳同位素倒转的影响。此外,发生碳同位素倒转的天然气主要储集在下古生界奥陶系马家沟组储集层中,前人尚很少从无机地球化学的角度切入研究天然气碳同位素倒转的成因。本章研究了奥陶系马家沟组的无机地球化学特征,并将其与有机地球化学特征相结合,以期厘清天然气碳同位素倒转的成因机制。

一、靖边气田南、北部对比

第四章已经述及,鄂尔多斯盆地靖边气田南部地区的成熟度明显高于北部地区,南部地区有较多天然气出现了碳同位素倒转现象,之前很少有学者将靖边气田南、北部地区天然气的地球化学特征系统地进行对比研究。由于靖边气田南、北部地区的天然气产层均为下古生界奥陶系马家沟组碳酸盐岩溶储层,据此排除了其他因素的干扰。将靖边气田南、北部地区天然气地球化学特征做对比研究,可以进一步佐证成熟度对天然气碳同位素值的影响。

通过对比可以发现,靖边气田南、北部地区天然气甲烷碳同位素值分布区间基本一致,频数不同是由于样品量的差异造成的(图 5-1),主频区间均为 $-35‰\sim-30‰$。乙烷碳同位素值与甲烷碳同位素值完全不同,北部地区乙烷碳同位素值明显重于南部地区,两者几乎没有交集(图 5-2)。北部地区的乙烷碳同位素值绝大部分分布在大于 $-28‰$ 的区间内,呈现出明显的煤成气特征,而南部地区的乙烷碳同位素则较轻,绝大部分分布在小于 $-28‰$ 的区间内。靖边气田南部地区丙烷碳同位素值分布区间较为广泛,而北部地区丙烷碳同位素值分布区间则较小,北部地区丙烷碳同位素值基本上是南部地区丙烷碳同位素值的子集(图 5-3)。由于过高的成熟度,南部地区丁烷含量极少,无法检测到南部地区的丁烷碳同位素值,因此,没有对比南、北部地区丁烷碳同位素值。

上面的分析对比了靖边气田南、北部地区天然气的碳同位素值,成熟度不仅会对碳同位素值产生影响,而且会影响到天然气的组分组成。为了验证成熟度对天然气地球化学参数的影响,笔者绘制了靖边气田南、北部地区重烃含量(C_{2+})与 $\delta_{13C_2}-\delta_{13C_1}$ 值之间的相关关系图(图 5-4)。从图中可以发现,由于南部地区成熟度明显高于北部地区,重烃气发了生裂解,导致南部地区重烃含量明显小于北部地区,碳同位素值也出现了倒转,即在纵坐标轴中,南部地区几乎全部位于 0 以下,出现较为罕见的 $\delta_{13C_1}>\delta_{13C_2}$ 倒转现象。与此形成明显对比的是,北部地区 $\delta_{13C_2}-\delta_{13C_1}$ 值则全部位于0之上(即$\delta_{13_{C_1}} < \delta_{13_{C_2}}$),碳同位素值并未出现明显的倒转。南、北部地区区域地质概况基本类似,天然气来源基本相同,但南部地区成熟度明显高于北部地区。由此可以判断,高成熟度可能是导致碳同位素出现倒转的一个重要原因。

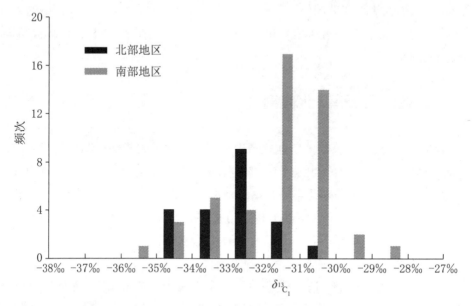

图5-1　靖边气田南、北部地区天然气甲烷碳同位素分布直方图

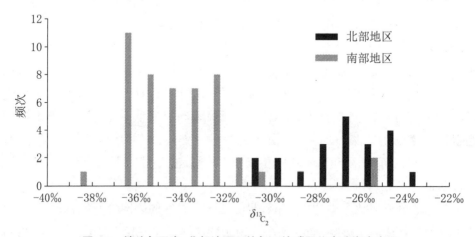

图5-2　靖边气田南、北部地区天然气乙烷碳同位素分布直方图

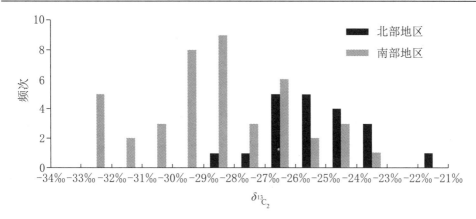

图5-3　靖边气田南、北部地区天然气丙烷碳同位素分布直方图

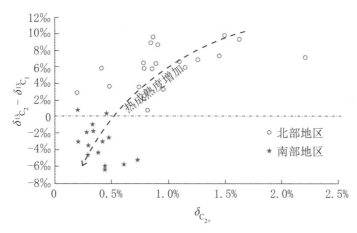

图5-4　靖边气田南、北部地区天然气$\delta_{C_{2+}}$含量与$\delta_{^{13}C_2}-\delta_{^{13}C_1}$关系图

由图5-4可知,随着成熟度增加碳同位素会出现倒转,这就导致出现了较为罕见的$\delta_{^{13}C_1}>\delta_{^{13}C_2}$现象。但是还无法验证成熟度对$\delta_{^{13}C_1}$值及$\delta_{^{13}C_2}$值的具体影响。为了进一步验证成熟度对$\delta_{^{13}C_n}$值的影响,笔者分别绘制了重烃含量($\delta_{C_{2+}}$)与$\delta_{^{13}C_1}$值之间的相关关系图及重烃含量与$\delta_{^{13}C_2}$值之间的相关关系图(图5-5)。

通过图5-5可以发现,靖边气田南、北部地区$\delta_{^{13}C_2}$值出现了明显的分异,即南部地区$\delta_{^{13}C_2}$值明显小于北部地区,这一点在图5-2中表现得极为明显。如果根据$\delta_{^{13}C_2}$值为$-28‰$的标准判断,北部地区绝大部分天然气为煤成气,而南部地区则全为油型气。上文已经述及,南、北部地区其他条件类似,成熟度却存在较大的差异。因此,可以推断,高成熟作用导致了南部地区$\delta_{^{13}C_2}$值变轻,这一点与鄂尔多斯盆地其他以上古生界为产层的大气田明显不同,也不符合碳同位素动力学分馏模型,这一现象将在后文具体论述。与 $\delta_{^{13}C_2}$ 值不同的是,当成熟度增大到一定值后,高成熟度作用对 $\delta_{^{13}C_1}$ 值的影响并不明显,即随着成熟度的增加,$\delta_{^{13}C_1}$ 值虽然有一定程度的增大,可以看到 $\delta_{^{13}C_1}$ 值变化的幅度显然不及 $\delta_{^{13}C_2}$ 值。由此可见,由于南部地区相对较高的成熟度作用,导致了 $\delta_{^{13}C_2}$ 值在升高到一定的"门限"后逐渐减小(这一点不符合传统的碳同位素动力学分馏模型)。虽然 $\delta_{^{13}C_1}$ 值也逐渐增大,但是 $\delta_{^{13}C_1}$ 值增大的幅度不及 $\delta_{^{13}C_2}$ 值减小的幅度,因此导致了较为罕见的 $\delta_{^{13}C_1} > \delta_{^{13}C_2}$ 现象。这一罕见现象也进一步说明,在靖边气田成熟度较高、天然气存在混源的前提条件下,以往普遍采用的以 $\delta_{^{13}C_2}$ 值判断天然气的成因及来源的方法存在一定的盲区。

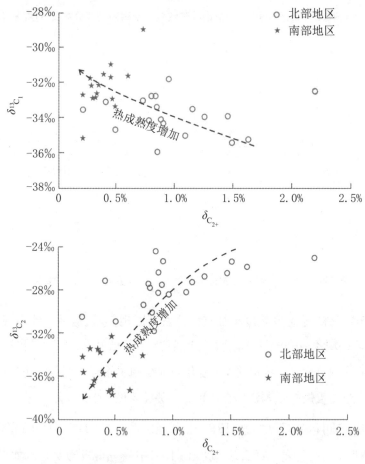

图5-5 靖边气田南、北部地区天然气 $\delta_{C_{2+}}$ 与 $\delta_{^{13}C_n}$ 关系图

乙烷碳同位素值与甲烷碳同位素值之间的差值和成熟度关系密切,两者近似呈负相关关系,即随着成熟度不断增加,该差值逐渐减小。若该值为负值,则表示碳同位素发生了倒转。绘制 $\delta_{^{13}C_1}$、$\delta_{^{13}C_2}$ 与 $\delta_{^{13}C_2} - \delta_{^{13}C_1}$ 之间的相关关系图,该图可以综合

反映天然气成因类型、成熟度及碳同位素倒转之间的关系(图5-6)。通过$\delta^{13}_{C_2}$值与$\delta^{13}_{C_2}-\delta^{13}_{C_1}$之间的相关关系图可以发现,靖边气田南部地区的天然气基本上全部出现了碳同位素的倒转,而北部地区则没有。北部地区的$\delta^{13}_{C_2}$值明显高于南部地区,且两者没有交叉重叠区域。显然,高成熟度作用导致了南部地区碳同位素出现了反转,表现出油型气的特征。即随着成熟度的增加,乙烷碳同位素值在逐渐减小。与乙烷碳同位素值不同,随着热成熟度的增加,甲烷碳同位素虽然在逐渐增加,但增加的幅度较小。由此可见,高成熟度作用对$\delta^{13}_{C_1}$值和$\delta^{13}_{C_2}$值的影响程度是不同的。

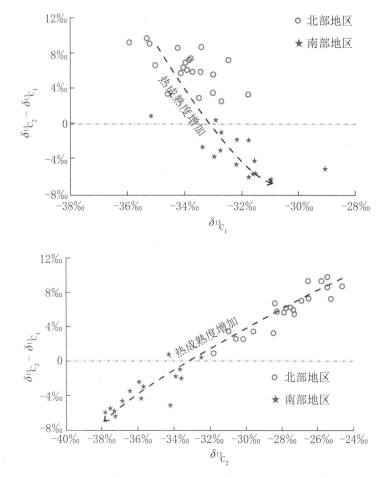

图5-6　靖边气田南、北部地区天然气$\delta^{13}_{C_n}$与$\delta^{13}_{C_2}-\delta^{13}_{C_1}$关系图

甲烷是化学性质最为稳定的烷烃气体,随着成熟度的增加,乙烷等重烃气由于化学稳定性小于甲烷,因此,乙烷等重烃气逐渐裂解,表现为随着成熟度增加,$\Sigma_{CH_4}/\Sigma_{C_2H_6}$值逐渐增大。基于上述原理,我们绘制了$\delta^{13}_{C_n}$与$\Sigma_{CH_4}/\Sigma_{C_2H_6}$关系图版,该

图版可以直观地表示成熟度对 $\delta^{13}_{C_n}$ 值的影响(图5-7)。在 $\delta^{13}_{C_2}$ 与 $\Sigma_{CH_4}/\Sigma_{C_2H_6}$ 关系图版上可以看出,从北部地区向南部地区,随着成熟度的增加,存在一个逐渐增加的趋势,即乙烷碳同位素逐渐减小,表现在横坐标轴方向上($\delta^{13}_{C_2}$ 值),减小的幅度较大(图5-7(b))。而在 $\delta^{13}_{C_1}$ 与 $\Sigma_{CH_4}/\Sigma_{C_2H_6}$ 关系图版上,随着成熟度的升高,甲烷碳同位素也会逐渐增加,但是增加的幅度不太明显。表现在横坐标轴方向上($\delta^{13}_{C_1}$ 值),虽然 $\delta^{13}_{C_1}$ 值在不断增加,但是增加的幅度不明显(图5-7(a))。

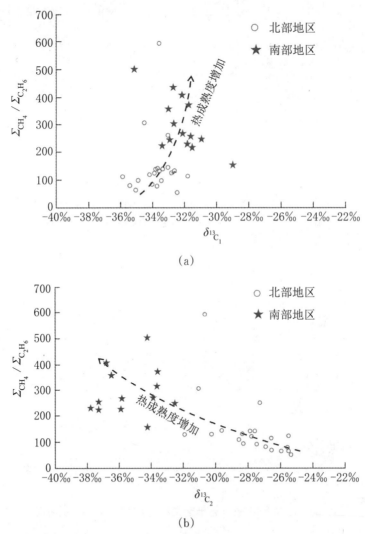

图5-7 靖边气田南、北部地区天然气 $\delta^{13}_{C_n}$ 与 $\Sigma_{CH_4}/\Sigma_{C_2H_6}$ 关系图

假设天然气C是由气体A和气体B混合而成,根据物质守恒定律,C的含量应该遵循下述公式(Jenden et al., 1993):

$$C_n^C = f_A \times C_n^A + (1 - f_A) \times C_n^B$$

碳同位素值应该遵循下述公式：

$$\delta_{^{13}C_n^C} = \frac{f_A \times C_n^A \times \delta_{^{13}C_n^A} + (1 - f_A) \times C_n^B \times \delta_{^{13}C_n^B}}{C_n^C}$$

把上述2个公式组合可以消除f_A，进而得到下面的公式：

$$\delta_{^{13}C_n^C} = \frac{C_n^A \delta_{^{13}C_n^A} - C_n^B \delta_{^{13}C_n^B}}{C_n^A - C_n^B} - \frac{C_n^A C_n^B (\delta_{^{13}C_n^A} - \delta_{^{13}C_n^B})}{(C_n^A - C_n^B) \times \dfrac{1}{C_n^C}}$$

上述公式可进一步简化为

$$\delta_{^{13}C_n^C} = \frac{a}{C_n^C + b}$$

上式中，n是碳数；C_n^C是气体C的含量；C_n^A是气体A的含量；C_n^B是气体B的含量；f_A是气体A的分数；$\delta_{^{13}C_n^C}$是气体C的碳同位素值；$\delta_{^{13}C_n^B}$是气体B的碳同位素值；$\delta_{^{13}C_n^A}$是气体A的碳同位素值。

从上述公式可以发现，如果天然气来自于两种不同的烃源岩，那么碳同位素值和组分含量的倒数之间存在一种线性相关关系。因此，$\delta_{^{13}C_2}$和$\dfrac{1}{\Sigma_{C_2H_6}}$之间的关系可以用来判断天然气是否存在混源。靖边气田北部地区的天然气样品符合混合来源的理论模型(图5-8)。也就是说，靖边气田北部地区天然气是混合来源的，这与其他学者的研究结果一致(夏新宇，2000；杨华等，2004；戴金星等，2005，2014)。靖边气田南部地区的天然气样品却不符合这一理论模型。同属于靖边气田，南、北部地区除了成熟度之外，其他条件类似。显然，南部地区较高的热成熟度导致了天然气地球化学参数偏离了理论模型。

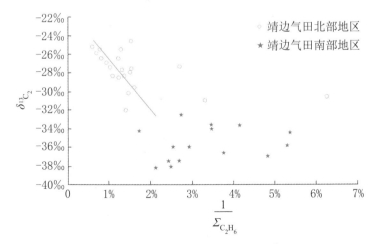

图5-8　靖边气田南、北部地区天然气$\delta_{^{13}C_2}$和$\dfrac{1}{\Sigma_{C_2H_6}}$相关关系图

上述是天然气地球化学方面的证据,另外还要结合研究区的实际地质背景才能给出更加合理的解释。伊陕斜坡在早白垩世末期达到最大埋藏深度(刘新社等,2000;杨华等,2015),此时,由于较高的热演化程度,重烃气(C_{2+})发生裂解,从而导致重烃气的含量逐渐降低。在之后的地质时期,虽然古地温逐渐降低,但残留的液态烃仍然能够继续裂解,进而形成碳同位素值偏轻而重烃气含量较高的裂解气。虽然这部分裂解气的生成量很少,由于在古地温降低之前,天然气中的重烃组分由于较高的地温已经裂解殆尽,所以,这部分少量的裂解气的混入(这部分裂解气乙烷碳同位素值显著偏轻)就可以导致混合后天然气整体的乙烷碳同位素值偏轻。又由于甲烷的热力学稳定性明显高于乙烷,这一部分高温裂解气的混入并未对甲烷碳同位素产生明显的影响。因此,就表现为甲烷碳同位素值虽然也逐渐增加,但是增加的幅度并不明显;而乙烷碳同位素值却表现出当增大到一定"门限"后,随着成熟度的增加,反而逐渐减小为特征的反"碳同位素动力学分馏模型"。

这一过程实际上是两种作用的共同结果,首先是较高的成熟度(较高的古地温),这也是残留的液态烃能够产生裂解的前提条件;其次,就是混合作用,即高温裂解气与早期生成的天然气混合。显然,高温是前提条件,而混合作用只是随之产生的必然结果。这两种机制的共同作用就会导致在高成熟度地区,天然气发生碳同位素的倒转。

二、上古生界榆林气田与下古生界靖边气田对比

上面分析对比了靖边气田南、北部地区天然气的地球化学特征。虽然南、北部地区成熟度不同,但是,两者均为下古生界奥陶系马家沟组风化壳岩溶储层,且均产自靖边气田中。前几章已述及,鄂尔多斯盆地绝大部分气田均产自上古生界陆相碎屑岩储层中,只有靖边气田储集于下古生界马家沟组海相碳酸盐岩储层中。因此,分析对比上古生界天然气和靖边气田天然气就很有必要。因为,上古生界储层的天然气构成了鄂尔多斯盆地天然气的主体,且烃源岩为"强势"的石炭—二叠系煤系烃源岩。而靖边气田的天然气地球化学特征存在异常,导致其天然气来源一直存在争议。分析对比上古生界天然气与下古生界靖边气田天然气的地球化学特征,一方面可以兼顾上古生界天然气(这是鄂尔多斯盆地的主力气藏),另一方面通过对比,可以厘清靖边气田天然气的来源及碳同位素产生倒转的原因。

为了确保对比的准确性和合理性,这一部分把整个靖边气田看作一个统一的整体,不再划分为南、北两部分单独研究,因为这一部分的目的是分析对比上古生界产层天然气和下古生界产层天然气是否对天然气碳同位素的倒转有影响。在整个靖边气田范围内取样的样品可以代表整个靖边气田。在此基础上,选取在地理

位置上紧邻靖边气田的上古生界榆林气田作为对比对象。

通过对比可以发现,上、下古生界天然气均富含CH_4,上古生界CH_4含量为81.76%~98.01%,主频区间为91%~95%,平均值为90.89%。重烃含量平均值为5.17%,主频区间为4%~7%。下古生界甲烷含量略高于上古生界,分布区间为89.98%~97.81%,主频区间为94%~98%,平均值为94.12%,重烃含量平均值为0.64%,主频区间为0%~1%(图5-9)。

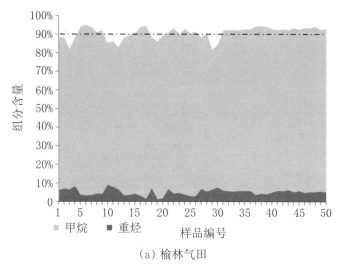

(a) 榆林气田

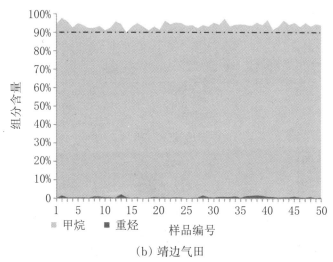

(b) 靖边气田

图5-9　榆林气田与靖边气田天然气组分组成面积图

通过绘制的榆林气田及靖边气田的碳同位素分布直方图(图5-10)对比,可以发现,下古生界靖边气田的碳同位素分布区间更大,而上古生界天然气的碳同位素值分布区间则相对较小。碳同位素值的波动幅度与天然气的母质来源密切相关,波动幅度越小,则说明天然气母质来源单一或经历的后期次生改造较少;波动幅度大,则表示天然气来源复杂或经历的后期次生改造较多(戴金星等,2005)。这一特点,在 $\delta^{13}C_2$ 上的表现尤为明显,上古生界榆林气田 $\delta^{13}C_2$ 的分布区间为 $-22‰\sim-27‰$,相对较重(均大于 $-28‰$),具备明显的煤成气特征;而下古生界靖边气田 $\delta^{13}C_2$ 的分布区间为 $-24‰\sim-36‰$。与上古生界榆林气田相比,有两个明显的不同:一是 $\delta^{13}C_2$ 值明显偏轻,二是波动幅度明显较大。与 $\delta^{13}C_2$ 值明显不同的是,虽然榆林气田及靖边气田 $\delta^{13}C_1$ 值分布区间不同,但是两者的众数区间基本一致。

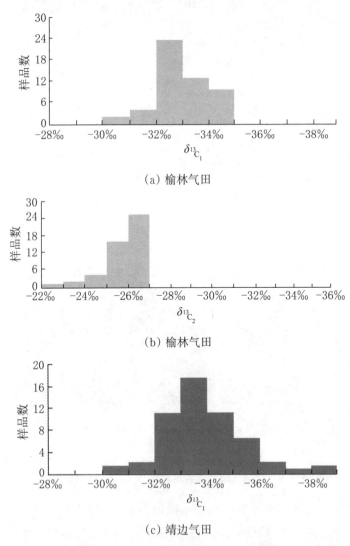

(a) 榆林气田

(b) 榆林气田

(c) 靖边气田

图5-10　上古生界榆林气田与下古生界靖边气田天然气 $\delta^{13}C$ 分布直方图

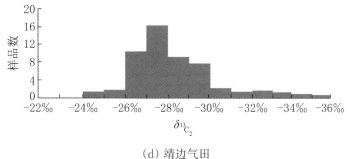

（d）靖边气田

图5-10　上古生界榆林气田与下古生界靖边气田天然气δ_{13_C}分布直方图（续）

$\delta_{13_{C_1}}$与$\delta_{13_{C_2}}$波动幅度及众数区间的不同说明：

① 虽然上、下古生界$\delta_{13_{C_2}}$波动幅度及众数区间相差较大，但是其$\delta_{13_{C_1}}$众数区间则基本一致，反映了两者具有亲缘性。

② 上古生界为明显的煤成气，其母质来源较为单一；而下古生界天然气则发生了混合，既有煤成气的特点，又具备油型气的特征，这一特点，在碳同位素折线图上表现得更加明显（图5-11）。

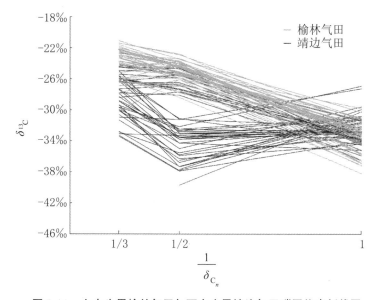

图5-11　上古生界榆林气田与下古生界靖边气田碳同位素折线图

为了更直观地观察碳同位素是否发生了倒转，引入笛卡尔平面直角坐标系，横坐标轴和纵坐标轴分别为$\delta_{13_{C_2}}-\delta_{13_C}$和$\delta_{13_{C_3}}-\delta_{13_{C_2}}$（图5-12）。图中可以分为4个象限，其中第一象限代表的是正碳同位素系列，即$\delta_{13_{C_1}}<\delta_{13_{C_2}}<\delta_{13_{C_3}}$，上古生界榆林气田气样全部落入了该象限，进一步说明其为来源单一的煤成气。也有部分下古生

界靖边气田的样品落入了第一象限,这部分样品有的与上古生界气样叠合在一起,而有的则远离上古生界气样,向第二象限偏移。在第二象限,出现了碳同位素的倒转,即 $\delta^{13}C_1 > \delta^{13}C_2$,$\delta^{13}C_2 < \delta^{13}C_3$,在此象限 $\delta^{13}C_2$ 是最轻的,然而 $\delta^{13}C_3$ 却没有发生倒转。第三象限碳同位素完全倒转,这一般是无机成因气的典型特征,显然鄂尔多斯盆地古生界天然气均未落入该象限。第四象限中,$\delta^{13}C_1 < \delta^{13}C_2$,$\delta^{13}C_2 > \delta^{13}C_3$,$\delta^{13}C_3$ 是最重的,古生界天然气也没有落入该象限的样品。

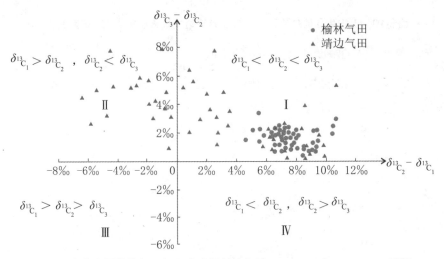

图 5-12 上古生界榆林气田与下古生界靖边气田 $\delta^{13}C_2 - \delta^{13}C_1$ 与 $\delta^{13}C_3 - \delta^{13}C_2$ 图版

通过对比可以发现,上古生界榆林气田的天然气均为正碳同位素系列,说明其为来源单一的煤成气。而下古生界靖边气田则存在多口井,碳同位素出现了倒转,且存在较为罕见的 $\delta^{13}C_1 > \delta^{13}C_2$ 现象,其 $\delta^{13}C_2 - \delta^{13}C_1$ 差值也明显大于上古生界榆林气田。由于鄂尔多斯盆地为一构造稳定的克拉通盆地,晚古生代以来构造活动不发育,且天然气组分含量变化正常,因此不可能为有机成因气及无机成因气的混合,也不可能是细菌氧化作用的结果。Fuex(1977)等认为,$\delta^{13}C_3 > \delta^{13}C_4$ 较为普遍,$\delta^{13}C_2 > \delta^{13}C_3$ 则相对较为少见,而 $\delta^{13}C_1 > \delta^{13}C_2$ 则极为罕见,罕见的 $\delta^{13}C_1 > \delta^{13}C_2$ 现象是高成熟阶段煤成气与油型气混合所致。

$\delta^{13}C_2$ 与 $\delta^{13}C_1$ 之间的差值和成熟度关系密切,两者呈负相关关系,即随着成熟度的增加,该差值逐渐较小。若该值为负值,则表示碳同位素出现了倒转。目前,国内学术界较为统一的将 $\delta^{13}C_2$ 在 $-28‰\sim-28.5‰$ 作为煤成气与油型气的分界线(包茨,1988;陈荣书,1989;戴金星等,2014)。因此,笔者绘制了 $\delta^{13}C_2$ 与 $\delta^{13}C_2 - \delta^{13}C_1$ 之间的相关关系图,该图可以综合反映天然气成因类型、成熟度及碳同位素倒转之间的关系(图5-13)。从图中可以发现,上古生界榆林气田样品全部落入了煤成气区域,且$\delta_{13_{C_2}}-\delta_{13_{C_1}}$差值均为正值(A区)。下古生界靖边气田波动范围较大,有的落入了右上角的煤成气区(A区),但大部分样品游离于煤成气区之外。在图形的左侧,靖边气田的样品存在一个明显的区带(B、C区),$\delta_{13_{C_2}}$与$\delta_{13_{C_2}}-\delta_{13_{C_1}}$呈明显的线性关系,即随着$\delta_{13_{C_2}}$值的减小,$\delta_{13_{C_2}}-\delta_{13_{C_1}}$差值的绝对值先减小后增大,即$\delta_{13_{C_2}}-\delta_{13_{C_1}}$的差值由正值变为负值,反映了碳同位素开始具备倒转趋势。这一条带是由于成熟度增高所导致,这也是下古生界靖边气田天然气出现倒转的原因之一。在图形的最左侧(D区),$\delta_{13_{C_2}}$值异常小,这是由于运移分馏作用所导致的碳同位素变轻,这一点将在后文论述。

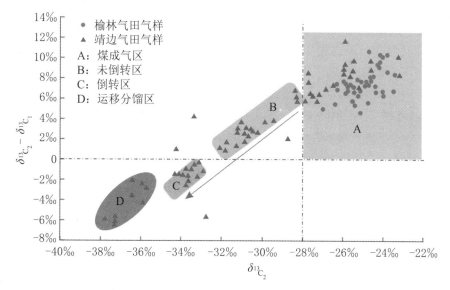

图5-13　上古生界榆林气田与下古生界靖边气田$\delta_{13_{C_2}}$与$\delta_{13_{C_2}}-\delta_{13_{C_1}}$图版

戴金星等(1989)认为$\delta_{13_{C_n}}$值与成熟度之间存在一定的关系,并给出了两者之间的计算公式:

$$\delta_{13_{C_1}}=14.12\lg Ro-34.39\quad(煤成气)$$

$$\delta_{13_{C_1}}=15.80\lg Ro-42.20\quad(油型气)$$

Faber(1987)也给出了相应的计算公式:

$$\delta_{13_{C_1}}=15.4\lg Ro-41.3$$

$$\delta_{13_{C_2}}=22.6\lg Ro-32.2$$

$$\delta_{13_{C_3}}=20.9\lg Ro-29.7\quad(Ⅰ,Ⅱ型有机质)$$

从上述学者给出的公式可以发现,$\delta_{13_{C_n}}$值与成熟度之间确实存在一定的相关性。但是笔者认为,这种相关性与成熟度的高低有关,即两者之间应该是一种分段函数的关系,而不是同一种变化规律,即当成熟度在一定范围内时,上述公式确实存在。但是,当成熟度升高到某个程度时,$\delta_{^{13}C_n}$ 值与成熟度之间的关系将变得较为复杂,上述公式不再适用。

为此,我们引入甲烷化系数的概念。其公式如下,用来表示天然气中甲烷占烃类气体的百分含量。因为甲烷是烃类气体中化学性质最为稳定的气体,也是最难以裂解的气体,因此,该值越大,表明成熟度越高:

$$I_C = \frac{C_{CH_4}}{C_t} \times 100\%$$

上式中,I_C 为甲烷化系数,C_{CH_4} 为甲烷的百分含量,C_t 为总烃的百分含量。

我们绘制了甲烷化系数与 $\delta_{^{13}C_n}$ 值之间的相关关系图,通过图5-14可以发现,上古生界榆林气田与下古生界靖边气田甲烷化系数明显不同,下古生界甲烷化系数明显高于上古生界,表明下古生界成熟度明显高于上古生界。

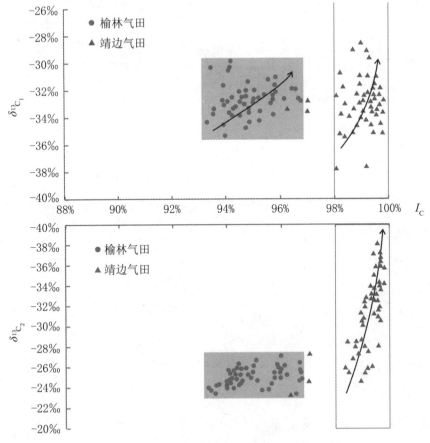

图5-14　甲烷化系数 I_C 与 $\delta_{^{13}C_1}$ 及 $\delta_{^{13}C_2}$ 相关关系图

此外,从图中还可以发现,在成熟度较高的情况下(靖边气田),δ_{13C_n}值与成熟度的关系不再符合常规的碳同位素动力学分馏模型。即甲烷化系数与δ_{13C_2}值呈现明显的负相关关系,随着甲烷化系数逐渐增大,$\delta^{13}_{C_2}$值却在逐渐减小(A区)。即δ_{13C_2}值小于$-28‰$,逐步表现出油型气的特征。与δ_{13C_2}值明显不同,在成熟度较高的情况下,δ_{13C_1}值虽然会逐渐增加,但是增加的幅度不太明显(B区)。这就很好地解释了为何图5-13中随着成熟度的增加,$\delta_{13C_2}-\delta_{13C_1}$的绝对值先减小后增大,即$\delta_{13C_2}-\delta_{13C_1}$的差由正值逐渐变为负值。这一结论与上一节中靖边气田南、北部天然气地球化学特征对比得出的结论一致。

对于成熟度相对较低的上古生界榆林气田,随着甲烷化系数的增大(成熟度增大方向),δ_{13C_1}值在逐渐增大(C区),δ_{13C_2}值也在逐渐增大,但是增加的幅度明显小于δ_{13C_1}值(D区)。即在成熟度较低的情况下,天然气碳同位素值遵守常规的碳同位素动力学分馏模型。但是,甲烷碳同位素值和乙烷碳同位素值增加的幅度不同。当成熟度达到一定值后,δ_{13C_2}值对成熟度变得较为敏感,即随着成熟度的增加,δ_{13C_2}值反而在逐渐减小,而δ_{13C_1}值继续增大,但是增加的幅度逐渐减小,这一结论与靖边气田南、北部地区碳同位素对比的结果一致。

这一规律与上述学者提出的δ_{13C_n}值与Ro之间的计算公式并不矛盾,本书只是把研究范围缩小到了一个局部。戴金星等(1989)提出的上述公式,是Ro在$0.4\%\sim5.0\%$范围内时的统计学公式,表征的是一个总体的变化趋势,但是在局部较小范围内可能存在异常。而本书的研究对象是在一个局部较小的范围内(Ro为$1.4\%\sim2.6\%$),在此局部范围内,戴金星提出的公式给出的点相对较少(图5-15),因此,在局部范围内,碳同位素值不是严格遵从碳同位素分馏模型。

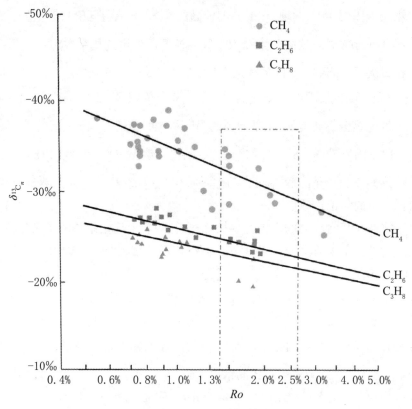

图5-15 Ro 与 $\delta_{^{13}C_n}$ 相关关系图

据戴金星等(1989)修改。

其他学者在研究鄂尔多斯盆地时,也得出了类似的结论。Xia等(2013)通过研究发现,高成熟作用导致了原生气的裂解,裂解后的天然气与原生天然气混合,导致了碳同位素的倒转(图5-16、图5-17)。即随着成熟度的增加,甲烷碳同位素值稍微有增大,但是增加的幅度不大,而随着成熟度的增高,乙烷碳同位素值却出现了明显的下降。当 $Ro<1.5\%$ 时,乙烷碳同位素值并未出现明显的变化,但是当 $Ro>1.5\%$ 时,乙烷碳同位素值值开始出现明显的下降。

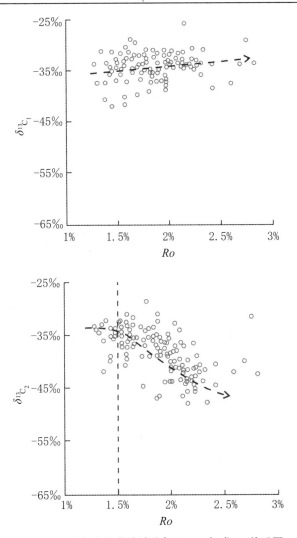

图 5-16　鄂尔多斯盆地靖边气田 $\delta_{13_{C_n}}$ 与成 Ro 关系图

据 Xia et al.(2013)修改。

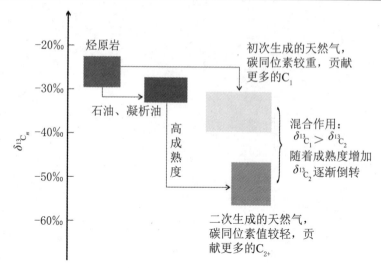

图5-17　高热成熟度导致碳同位素倒转模式图

三、延安气田及北部气田流体包裹体气对比

天然气成藏以后,由于受到各种次生作用的影响,其地球化学性质与原始气体相比可能会发生很大的变化。正是由于这些复杂的次生作用,使得在使用气藏气判断天然气的来源及成因类型的时候,存在极大的不确定性。然而,包裹体是成岩矿物在形成过程中捕获的至今仍保留在成岩矿物中的流体介质包裹物。天然气在成藏过程中会随着流体介质被成岩矿物所捕获,形成包裹体。包裹体是一个封闭体系,只要不破裂,其中所包含的天然气的地球化学信息就能准确地反映其原始性质。因此,包裹体中的天然气蕴含着重要的原生气体信息。对包裹体进行真空碎样,获取其中的原生天然气样品,分析测试其地球化学特征,并将其与气藏气样品进行对比。在此基础上,测定部分流体包裹体的均一温度,可以辅助研究古生界油型气的来源及天然气碳同位素倒转的成因。

根据成熟度,可以简单地将鄂尔多斯盆地划分为南、北两部分。本小节所指的北部气田是指 $Ro < 2.4$ 的北部气田,主要包括子洲气田、米脂气田、神木气田、榆林气田、乌审旗气田、苏里格气田和大牛地气田。南部气田指的是 $Ro > 2.4$ 的气田,在本节中指的是延安气田。由于上述小节中已经详细地讨论了靖边气田,因此,本小节中的南、北部气田不包括靖边气田。

从包裹体均一温度直方图中可以看出(图5-18),北部气田石盒子组包裹体的均一温度峰值范围为100~120 ℃,山西组包裹体均一温度峰值范围为120~140 ℃。延安气田石盒子组包裹体的均一温度峰值范围为120~140 ℃,山西组包裹体的均一温度呈现双峰分布,分别为110~120 ℃和140~160 ℃。从包裹体均一温度峰值分布可以看出,北部气田是延安气田的子集。换言之,与北部气田相比,南部气田多出了一期高温流体充注成藏(140~160 ℃)。

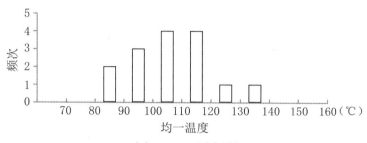

（a）SH37-1,石盒子组

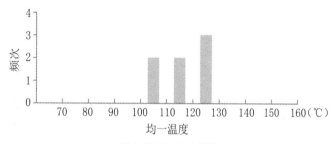

（b）SH37-2,山西组

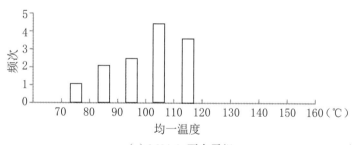

（c）M24-1,石盒子组

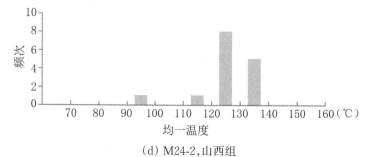

（d）M24-2,山西组

图5-18　流体包裹体均一温度直方图

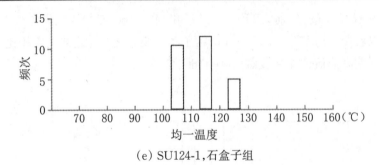

(e) SU124-1,石盒子组

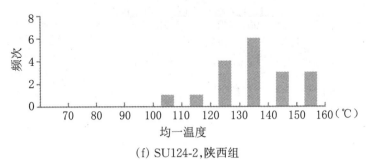

(f) SU124-2,陕西组

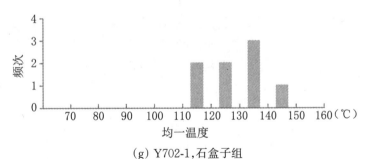

(g) Y702-1,石盒子组

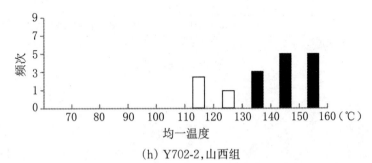

(h) Y702-2,山西组

(白色、灰色、黑色分别代表了100～120 ℃、120～140 ℃、140～160 ℃均一温度区间)

图5-18　流体包裹体均一温度直方图(续)

本书绘制了甲烷含量直方图及重烃含量面积图(图5-19,图5-20)。北部气田井口气以甲烷气体为主,甲烷含量为80.08%～98.24%,平均值为91.68%;重烃含量为1.06%～14.14%,平均值为5.24%;甲烷化系数为85.26%～98.93%,平均值为94.58％。

北部气田流体包裹体气甲烷含量为54.02％～99.99％,平均值为93.16％;重烃含量为0.01％～46.04％,平均值为6.74％;甲烷化系数为53.99％～99.99％,平均值为93.25％。

南部延安气田井口气甲烷含量为93.14％～97.48％,平均值为95.23％;重烃含量为0.30％～0.90％,平均值为0.52％;甲烷化系数为99.08％～99.69％,平均值为99.46％。

南部延安气田流体包裹体气甲烷含量为61.68％～99.53％,平均值为94.44％;重烃含量为0.45％～38.11％,平均值为5.51％;甲烷化系数为61.81％～99.55％,平均值为94.49％。

总体而言,南部延安气田的甲烷含量明显高于北部气田,而重烃含量则明显低于北部气田。

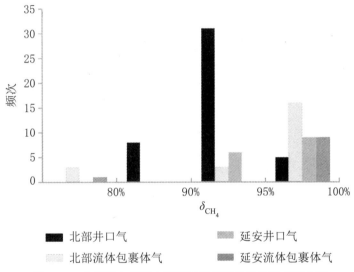

图5-19　北部及南部延安气田天然气甲烷组分组成直方图

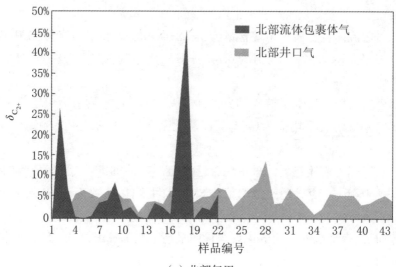

（a）北部气田

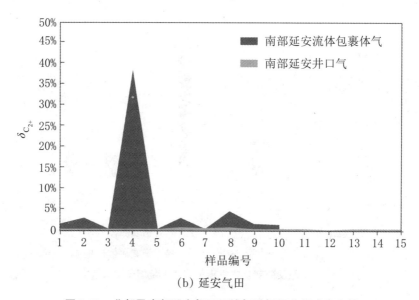

（b）延安气田

图5-20　北部及南部延安气田天然气重烃组分组成直方图

北部地区井口气甲烷碳同位素值为−40.7‰～−28.7‰,平均值为−34.1‰;乙烷碳同位素值为−27.5‰～−22.0‰,平均值为−24.4‰;丙烷碳同位素值分布在−27.8‰～−19.0‰,平均值为−23.6‰。

北部地区流体包裹体气甲烷碳同位素值为−42.6‰～−28.5‰,平均值为−35.2‰;乙烷碳同位素值为−27.4‰～−19.7‰,平均值为−23.0‰;丙烷碳同位素值为−27.6‰～−15.1‰,平均值为−21.8‰。

延安气田井口气甲烷碳同位素值为−29.7‰～−27.6‰,平均值为−28.6‰;

乙烷碳同位素值为−36.4‰～−30.5‰,平均值为−34.3‰;丙烷碳同位素值为−35.5‰～−30.4‰,平均值为−33.3‰。

延安气田流体包裹体气甲烷碳同位素值为−32.0‰～−24.6‰,平均值为−29.0‰;乙烷碳同位素值为−27.2‰～−18.0‰,平均值为−24.3‰。

从北部地区天然气碳同位素分布雷达图可以发现(图5-21),北部地区井口气的甲烷及乙烷碳同位素值与流体包裹体中天然气的碳同位素值存在较多重合(图5-21(a)),两者的甲烷及乙烷碳同位素并无较大差别。从延安气田的碳同位素分布雷达图可以看出,两者的甲烷碳同位素值分布并无明显差异,存在较多的重合(图5-21(b))。然而,流体包裹体中天然气的乙烷碳同位素值明显重于井口气的乙烷碳同位素值。

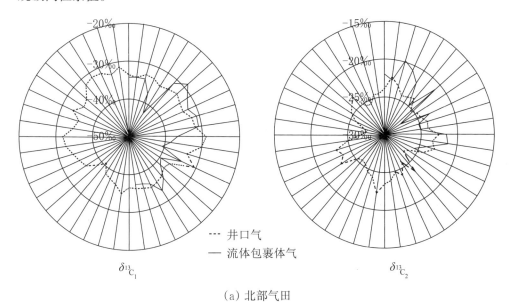

（a）北部气田

图5-21 天然气碳同位素分布雷达图

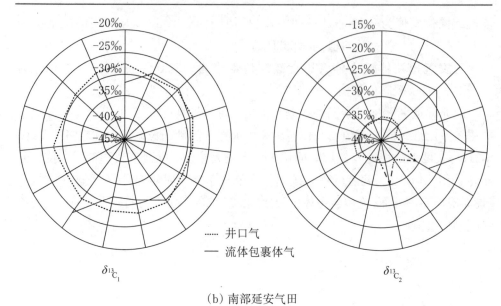

.... 井口气
—— 流体包裹体气

$\delta^{13}{}_{C_1}$ $\delta^{13}{}_{C_2}$

(b) 南部延安气田

图 5-21 天然气碳同位素分布雷达图(续)

　　对于北部气田及南部延安气田而言,井口气与流体包裹体中天然气的甲烷碳同位素值均未表现出明显的区别。也就是说,原生气体与经历过后期多种作用改造的气体,其甲烷碳同位素值并未产生较大差异。而乙烷碳同位素值则表现出北部地区差别不大,南部延安气田流体包裹体中的天然气大于井口气的特点,即原生气体要大于后期成藏的天然气。次生作用导致了这种差异性,考虑到该区的地质背景及流体包裹体均一温度特征,这种次生作用极有可能是较高的热成熟度导致的,即南部延安气田的热成熟度明显要高于北部气田,且从均一温度直方图中可以发现,南部地区多出了一期高温流体充注成藏。

　　我们将所有井口气与流体包裹体中天然气的碳同位素作图(图5-22),延安气田的井口气分布在图中的右下角(横坐标轴)(图5-22(a)),这说明延安气田井口气的甲烷碳同位素值大于北部其他气田,然而,延安气田井口气的乙烷碳同位素值却明显小于北部其他气田(纵坐标轴)。从北部气田与南部延安气田流体包裹体中天然气的 $\delta^{13}{}_{C_1}$-$\delta^{13}{}_{C_2}$ 相关关系图中(图5-22(b)),可以发现两者天然气的乙烷碳同位素值分布在相同的区间(纵坐标轴),并未有明显的区别。然而,延安气田的甲烷碳同位素值却稍重于北部气田(横坐标轴)。

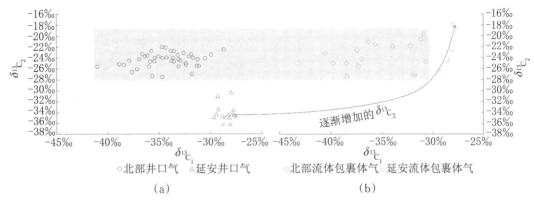

图5-22　北部气田与南部延安气田天然气的$\delta^{13}C_1$-$\delta^{13}C_2$相关关系图

综上可知,对于井口气与流体包裹体气而言,北部气田与南部延安气田甲烷碳同位素值的相对大小并未发生改变,即南部延安气田的甲烷碳同位素值一直大于北部气田,表现在图5-22中就是南部延安气田一直位于北部气田的右侧。而乙烷碳同位素却完全不同,流体包裹体气中,北部气田与南部延安气田的乙烷碳同位素值分布在相同的区间。而在井口气中,南部延安气田的乙烷碳同位素值却明显小于北部气田。从纵坐标轴上看,北部地区的点并未发生明显位移,而南部延安气田却向右上角发生了明显位移。这说明北部地区的天然气成藏后,经历了后期作用的改变较少,从而使得井口气与流体包裹体气(原生气)的地球化学特征基本一致,并未有较大不同,北部地区井口气可以近似代表包裹体中的原生气。这一点在图5-23中更加明显,北部地区井口气与流体包裹体气的甲烷及乙烷碳同位素值分布在大体相同的范围内。然而,后期次生作用导致延安气田的乙烷碳同位素变轻,使延安气田的乙烷碳同位素值分布在图的最左侧。

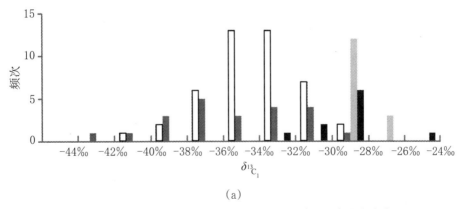

(a)

图5-23　北部气田及南部延安气田甲烷及乙烷碳同位素分布直方图

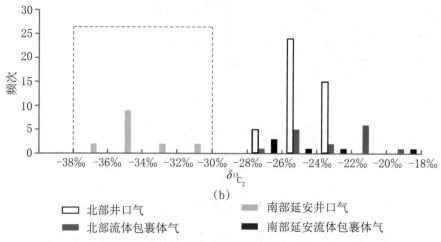

(b)

北部井口气　　　　　　　南部延安井口气
北部流体包裹体气　　　　南部延安流体包裹体气

图5-23　北部气田及南部延安气田甲烷及乙烷碳同位素分布直方图(续)

我们分析对比了南、北部气田$\delta^{13}C_2 - \delta^{13}C_1$和$\delta^{13}C_3 - \delta^{13}C_2$的相关关系图。从图中可以发现,北部气田的井口气中乙烷与甲烷碳同位素之差均分布在0之上(图5-24(a)),这说明北部气田的井口气并未出现甲烷与乙烷碳同位素的倒转;而南部延安气田则相反,所有的点均位于0之下,说明南部延安气田井口气出现了甲烷与乙烷碳同位素的倒转($\delta^{13}C_1 < \delta^{13}C_2$)。而对于井口气的乙烷及丙烷碳同位素值(图5-24(b)),情况则明显不同,从图中可以发现,钻至上古生界的13口井的$\delta^{13}C_3 - \delta^{13}C_2$小于0,约占样品总数的30%,而南部延安气田则只有1口井,其$\delta^{13}C_3 - \delta^{13}C_2$小于0,占样品总数的9%左右。换句话说,南部延安气田的井口气,其碳同位素大部分为$\delta^{13}C_1 > \delta^{13}C_2$,$\delta^{13}C_2 < \delta^{13}C_3$,即乙烷碳同位素值在三者之中是最轻的,且乙烷与丙烷并未出现倒转。而上古生界井口气碳同位素大部分为$\delta^{13}C_1 < \delta^{13}C_2 < \delta^{13}C_3$,仅有少部分井口气碳同位素为$\delta^{13}C_1 < \delta^{13}C_2$,$\delta^{13}C_2 > \delta^{13}C_3$,并未出现$\delta^{13}C_1 > \delta^{13}C_2$的现象。

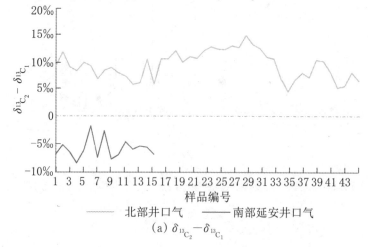

北部井口气　　　　　南部延安井口气
(a) $\delta^{13}C_2 - \delta^{13}C_1$

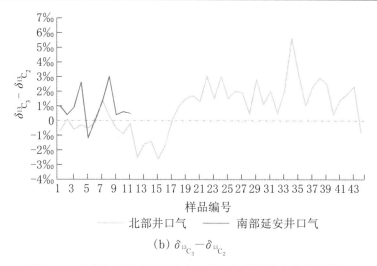

(b) $\delta_{^{13}C_3} - \delta_{^{13}C_2}$

图 5-24　北部气田及南部延安气田井口气碳同位素差值折线图

然而,当我们统计流体包裹体的数据时,情况却不尽相同。从图 5-25(a)中可以发现,北部气田的 $\delta_{^{13}C_2} - \delta_{^{13}C_1}$ 均大于 0,这一点与井口气一样。南部延安气田流体包裹体中的 $\delta_{^{13}C_2} - \delta_{^{13}C_1}$ 大于 0,这一点明显与延安气田井口气不同。即南部延安气田流体包裹体中的原生气体并未出现碳同位素的倒转,而井口气却出现了碳同位素的倒转现象。由于在南部延安气田流体包裹体中并未检测到丙烷碳同位素值,因此,我们只得到了上古生界流体包裹体的 $\delta_{^{13}C_3} - \delta_{^{13}C_2}$ 折线图。从图 5-25(b)中可以发现,有 3 个流体包裹体气的 $\delta_{^{13}C_3} - \delta_{^{13}C_2}$ 小于 0,约占样品总数的 21%。这一结果与北部气田井口气的结果类似,说明北部气田的天然气中少部分井出现了乙烷和丙烷碳同位素的倒转,却并未出现甲烷与乙烷碳同位素的倒转。

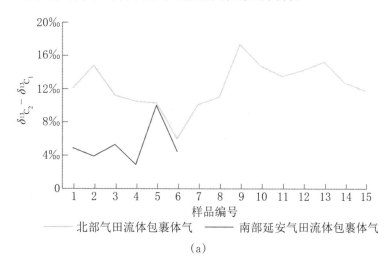

(a)

图 5-25　北部气田及南部延安气田流体包裹体气碳同位素差值折线图

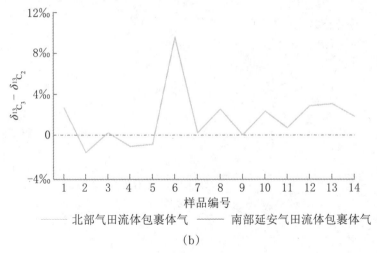

（b）

图5-25 北部气田及南部延安气田流体包裹体气碳同位素差值折线图（续）

这一结果说明,南部延安气田在最开始成藏的时候并未出现天然气的碳同位素倒转现象,显然是后期变化导致的倒转。我们统计了延安气田重烃气含量的变化情况,可以发现井口气重烃的含量明显小于流体包裹体中重烃的含量。显然是后期较高的热成熟度导致原生重烃裂解所致。重烃的这一含量变化与该区的镜质体反射率等值线一致,也与流体包裹体均一温度的测定实验一致。即南部延安气田的热成熟度明显要高于北部气田,南部地区多出了一期高温流体充注成藏。这种较高的热成熟度,除了导致重烃气的裂解外,也直接导致了碳同位素的倒转发生。

四、奥陶系马家沟组白云岩无机地球化学特征

氧、碳稳定同位素（δ_{18_O},δ_{13_C}）是白云岩成因解释中应用较广的地球化学分析素材（Allan and Wiggins,1993;Derry,2010）。Allan等(1993)通过对全球不同成因类型白云岩的δ_{18_O}值与成岩环境温度的统计,提出了高温白云岩和低温白云石的概念。我们分析测试了奥陶系马家沟组白云岩的碳、氧同位素数据（表5-1）,并将其投影到δ_{18_O}与δ_{13_C}交汇图版中。奥陶系马家沟组白云岩样品绝大部分落入了高温白云岩区（图5-26）,即埋藏白云岩分布区,说明马家沟组白云石化是在高温环境中发生的。

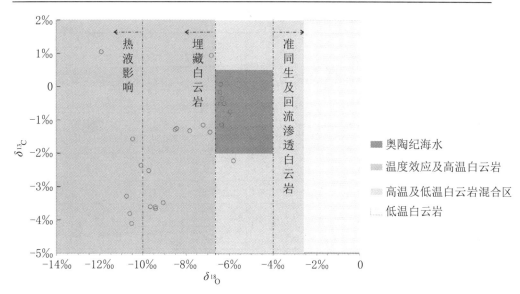

图5-26 奥陶系马家沟组白云岩$\delta_{^{18}O}$与$\delta_{^{13}C}$交汇图版

表5-1 奥陶系马家沟组白云岩的$\delta_{^{13}C}$，$\delta_{^{18}O}$，Z值，$\delta_{^{87}Sr}/\delta_{^{86}Sr}$和有序度

井 位	深度(m)	地 层	$\delta_{^{13}C}$	$\delta_{^{18}O}$	Z	$\delta_{^{87}Sr}/\delta_{^{86}Sr}$	有序度
TG47	3 089.3	O_1m_5	-3.28‰	-10.8‰	115	0.736 9	0.93
TG47-1	3 090.0	O_1m_5	-0.37‰	-6.3‰	123	0.712 7	0.93
TG50	3 188.8	O_1m_5	1.05‰	-11.9‰	124	0.716 7	0.92
TG53	3 183.6	O_1m_5	-1.27‰	-8.5‰	120	0.718 4	0.97
L1	2 720.5	O_1m_5	-1.29‰	-8.5‰	120	0.709 2	0.82
L2	2 532.6	O_1m_5	-3.60‰	-9.4‰	115	0.712 9	0.76
TA17-1	3 464.8	O_1m_5	-0.51‰	-6.2‰	123	0.714 2	0.91
TA17-3	3 755.2	O_1m_5	-2.23‰	-5.8‰	120	0.715 8	0.92
TA36-2	3 286.0	O_1m_5	-1.15‰	-7.2‰	121	0.721 4	0.89
TA38-2	3 614.8	O_1m_5	-3.48‰	-9.1‰	116	0.709 0	0.94
TA42-2	3 606.7	O_1m_5	-0.18‰	-6.4‰	124	0.708 9	0.96
Y96-1	2 516.5	O_1m_5	-3.65‰	-9.4‰	115	0.721 7	0.9
Y117-1	2 240.0	O_1m_5	-3.61‰	-9.6‰	115	0.720 1	0.85
Y117-2	2 436.0	O_1m_5	-3.81‰	-10.6‰	114	0.720 0	0.88
Y117-3	2 442.1	O_1m_5	-4.11‰	-10.5‰	114	0.720 9	0.86
S323-1	3 890.0	O_1m_5	-1.15‰	-6.4‰	122	0.716 3	0.77
S338-1	3 789.0	O_1m_5	-2.52‰	-9.7‰	117	0.722 2	0.93

井 位	深度(m)	地 层	$\delta^{13}C$	$\delta^{18}O$	Z	$\delta^{87}Sr/\delta^{86}Sr$	有序度
S338-2	3 796.0	O_1m_5	$-2.34‰$	$-10.1‰$	117	0.722 3	0.94
S435-1	3 626.0	O_1m_5	$-1.36‰$	$-6.9‰$	121	0.725 6	0.78
S440-1	3 465.0	O_1m_5	$-1.32‰$	$-7.8‰$	121	0.727 1	0.96
S445	3 861.0	O_1m_5	$-1.59‰$	$-10.5‰$	119	0.721 3	0.98
F5-2	2 479.0	O_1m_5	$0.05‰$	$-6.4‰$	124	0.709 4	0.96
J1-1	3 636.6	O_1m_5	$0.93‰$	$-6.8‰$	126	0.708 8	0.77
J1-6	3 673.3	O_1m_5	$-0.77‰$	$-6.0‰$	123	0.710 1	0.72
LN15-1	4 241.0	O_1m_5	$-0.51‰$	$-6.4‰$	123	0.717 2	0.94

Wang 等(2009)研究了奥陶系马家沟组白云岩和孔洞充填的鞍状白云岩的流体包裹体均一化温度与 δ_{18_O} 值的交汇图(图5-27(a))。从图中可以发现,Wang 等人的研究结果中, $\delta_{18_{O白云岩}}$ 值基本一致,绝大部分分布在 $-10‰ \sim -6‰$ 之间。成岩流体(水)的 δ_{18_O} 值分布在 $+4‰ \sim +12‰$ 之间,平均值为 $+8‰$,较奥陶纪海水值偏正。Smith(2006)认为,假设流体组成没有太大改变(与图5-27(a)中的 $+8‰$ 相比较),那么能够从图中比较准确地估算出来地层温度。根据图5-27估计,奥陶系马家沟组白云岩形成时期,地层的温度至少在130 ℃以上,这进一步证实了奥陶系马家沟组白云岩为高温埋藏白云岩。这种较高的温度会进一步影响储集在其中的天然气的地球化学特征,进而导致天然气碳同位素的异常。Zhang 等(2019)研究了奥陶系马家沟组白云岩的包裹体均一温度,为 $120 \sim 163$ ℃,平均值为140 ℃,包裹体均一温度直方图如图5-27(b)所示。这进一步说明奥陶系马家沟组白云岩形成时的温度较高,证明其经历了埋藏成岩作用的改造。

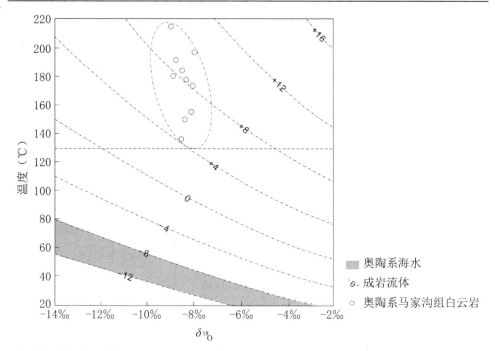

（a）鄂尔多斯盆地奥陶系马家沟组马五段白云岩和孔洞充填的鞍状白云石样品的均一化温度平均值与$\delta^{18}O$交汇图

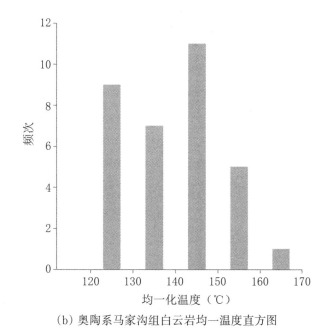

（b）奥陶系马家沟组白云岩均一温度直方图

图 5-27　奥陶系马家沟组白云岩和孔洞充填的鞍状白云岩的流体包裹体均一化温度与$\delta^{18}O$值关系图

水值采用 SMOW 标准，据 Smith（2006）；奥陶纪海水值取自 Allen 等（1993）。

海相碳酸盐岩沉积物中的 Sr 来自海水,这就导致海相碳酸盐岩沉积物中的 $\delta_{87Sr}/\delta_{86Sr}$ 值应该大致相当于同期海水中的 $\delta_{87Sr}/\delta_{86Sr}$ 值。然而,奥陶系马家沟组白云岩的 $\delta_{87Sr}/\delta_{86Sr}$ 值明显高于同期海水的 $\delta_{87Sr}/\delta_{86Sr}$ 值(表 5-1、图 5-28)。埋藏成岩过程中铝硅酸盐矿物的溶解可以向海相碳酸盐矿物提供放射性成因的 Sr,并导致其 $\delta_{87Sr}/\delta_{86Sr}$ 比值增加。埋藏条件下的地层卤水交代碳酸盐岩时,会有放射性的 δ_{87Sr} 混入。因此,埋藏条件下地层卤水的 $\delta_{87Sr}/\delta_{86Sr}$ 值明显高于奥陶系海水的平均值(0.70878)。奥陶系马家沟组白云岩的交代流体很有可能是埋藏条件下的地层卤水。说明奥陶系马家沟组白云岩属于埋藏白云岩,这与根据 δ_{18O} 值判断的结果一致。奥陶系马家沟组白云岩经历了埋藏作用,具有较高的埋藏温度。这种较高的温度直接影响了储集在内的天然气的地球化学特征,从而使天然气碳同位素的异常。

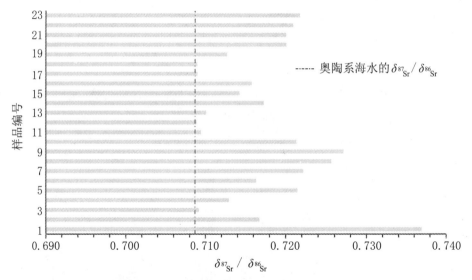

图 5-28　奥陶系马家沟组马五段白云岩与奥陶世海水的 $\delta_{87Sr}/\delta_{86Sr}$ 对比图.

白云岩的有序度反映了白云岩形成时环境的物理化学条件,理想白云石的 Ca 和 Mg 的摩尔含量各为 50%,$CaCO_3$ 层和 $MgCO_3$ 层严格互层排列在 C 轴方向上,其有序度为 1。离子层排列完全无序时,其有序度为 0(Warren,2000)。因此,可以根据白云石的有序度判断其生长速率和形成方式,进而了解白云石的形成环境。不同成因机制的白云岩,其有序度从低到高依次为:准同生白云岩→渗透回流白云岩→混合白云岩→埋藏白云岩。

奥陶系马家沟组白云岩样品的有序度变化范围为 0.72~0.98,平均值为 0.89(表 5-1)。说明此处白云石生长缓慢,有充裕的条件形成接近理想程度的晶体结构,有序度高,是埋藏白云岩。此外,白云岩的有序度还与结晶温度有关。高温条件下形成的白云岩的有序度明显高于低温条件下形成的白云岩。这说明奥陶系马家沟组白云岩可能形成于温度较高的埋藏成岩阶段,这与根据碳、氧同位素及锶同位素的判断结果一致。

既往的研究者对白云岩稀土元素数据的分析大多是对球粒陨石或页岩的REE的测试数据进行标准化处理,再据此讨论稀土元素的配分特征(Gromet et al., 1984; Mclennan, 1989)。然而,白云岩的形成与陨石没有任何内在联系,与碎屑岩也无成因关联,而与海水的成分有着直接或间接的关系。因此,利用海水的REE组成对测试数据进行标准化处理是比较恰当的。所以,此处利用海水的REE组成对奥陶系马家沟组样品的测试数据进行标准化处理(表5-2),由于海水的REE含量非常低,在标准化之前,我们将海水的REE浓度放大了10^6倍。海水的REE组成引自Kawabe等(1998)发表的数据。

胡文瑄等(2010)建立了根据REE配分模式划分不同成因类型白云岩的判别图版。海水来源的准同生白云岩具有正Ce异常,LREE相对HREE富集,HREE分布较为平坦(图5-29(a))。大气降水淋滤白云岩具有明显的负Ce异常,REE含量明显降低(纵坐标值),LREE相对HREE富集(图5-29(b))。成岩流体作用的白云岩与准同生白云岩具有类似的REE配分曲线,均具有正Ce异常。不同之处在于,REE含量相对于海水来源的准同生白云岩降低(图5-29(c))。经历过高温热液作用的白云岩,其REE含量降低,具有Ce负异常,REE配分曲线表现为起伏不定的特征(图5-29(d))。奥陶系马家沟组白云岩的REE含量最低(纵坐标值是最小的),并且出现了明显的负Ce异常,REE配分曲线呈现起伏不平的特征(图5-29(e))。奥陶系马家沟组白云岩的REE配分模式与胡文瑄等(2010)建立的高温热液白云岩成因模式一致,说明奥陶系马家沟白云岩经历了后期构造热液作用,这种较高的流体温度,导致储集在内的天然气的碳同位素出现异常。

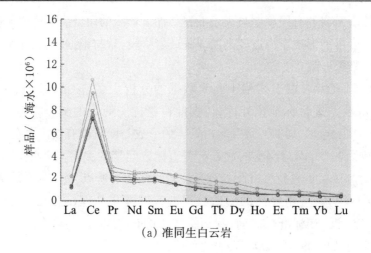

（a）准同生白云岩

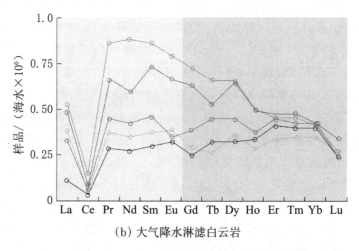

（b）大气降水淋滤白云岩

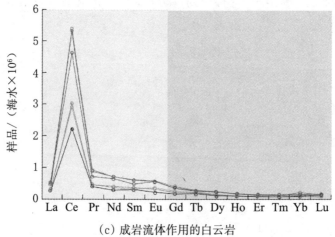

（c）成岩流体作用的白云岩

图5-29　奥陶系马家沟组白云岩REE配分曲线

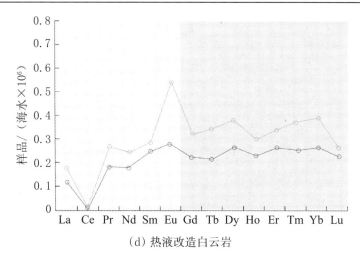

（d）热液改造白云岩

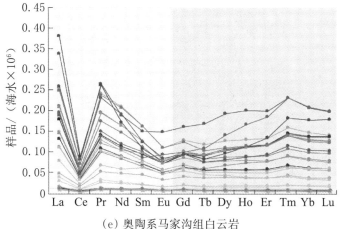

（e）奥陶系马家沟组白云岩

图5-29　奥陶系马家沟组白云岩REE配分曲线（续）

注：除了图中展示的REE配分模式差异外，请注意纵坐标值的差异，如图（a）和图（c）看似相同，但是两者的纵坐标值差距较大，代表了不同的白云岩化作用。

综上所述，根据奥陶系马家沟组白云岩的无机地球化学特征，可以证实奥陶系马家沟组白云岩形成于较高的温度，这种较高的温度会直接影响储集其中的天然气的地球化学特征，进而导致其碳同位素异常。

表5-2 奥陶系马家沟组白云岩REE（×10⁻⁶）数据

井位	深度(m)	地层	La	Ce	Pr	Nd	Sm	Eu	Gd	Tb	Dy	Ho	Er	Tm	Yb	Lu	ΣREE	LREE	HREE
TG47	3 089.3	O_1m_5	44.68	86.40	9.63	35.34	5.77	0.94	4.73	0.73	4.54	0.93	2.82	0.44	2.93	0.44	200.31	182.76	17.55
TG47-1	3 090.0	O_1m_5	34.60	55.84	5.47	18.28	3.01	0.79	3.64	0.68	5.07	1.20	3.94	0.64	4.17	0.62	137.94	117.98	19.96
TG50	3 188.8	O_1m_5	19.53	37.71	3.88	13.70	2.26	0.38	2.22	0.36	2.39	0.52	1.60	0.25	1.63	0.24	86.67	77.47	9.20
TG53	3 183.6	O_1m_5	12.34	30.21	2.33	10.28	3.11	0.41	2.32	0.67	2.92	0.37	1.22	0.27	1.14	0.26	67.85	58.68	9.17
L1	2 720.5	O_1m_5	8.12	18.88	2.01	7.67	1.55	0.26	1.44	0.22	1.32	0.26	0.76	0.11	0.72	0.11	43.44	38.50	4.94
L2	2 532.6	O_1m_5	13.49	25.45	2.60	9.68	2.13	0.39	1.93	0.27	1.48	0.27	0.74	0.11	0.65	0.10	59.29	53.73	5.55
TA17-1	3 464.8	O_1m_5	6.45	11.21	1.20	4.10	0.73	0.12	0.67	0.10	0.59	0.12	0.34	0.05	0.35	0.05	26.07	23.81	2.26
TA17-3	3 755.2	O_1m_5	25.65	45.25	4.80	17.41	3.37	0.60	3.12	0.46	2.79	0.56	1.65	0.24	1.57	0.23	107.71	97.08	10.63
TA36-2	3 286.0	O_1m_5	34.13	64.41	6.90	24.59	3.94	0.60	3.42	0.51	3.10	0.63	1.91	0.29	1.95	0.30	146.68	134.58	12.11
TA38-2	3 614.8	O_1m_5	4.94	9.37	0.99	3.57	0.66	0.12	0.59	0.09	0.50	0.10	0.30	0.04	0.29	0.04	21.61	19.65	1.96
TA42-2	3 606.7	O_1m_5	1.48	2.72	0.30	1.19	0.30	0.05	0.27	0.03	0.17	0.03	0.08	0.01	0.06	0.01	6.70	6.04	0.67
Y96-1	2 516.5	O_1m_5	43.83	85.44	9.44	34.83	5.76	0.94	4.55	0.64	3.93	0.81	2.49	0.38	2.51	0.38	195.92	180.23	15.68
Y117-1	2 240.0	O_1m_5	37.36	71.86	7.77	27.63	4.44	0.68	3.70	0.57	3.66	0.78	2.46	0.38	2.58	0.39	164.25	149.73	14.52
Y117-2	2 436.0	O_1m_5	36.91	71.16	7.74	27.49	4.42	0.67	3.69	0.57	3.64	0.78	2.42	0.39	2.57	0.39	162.83	148.37	14.45

续表

井位	深度(m)	地层	La	Ce	Pr	Nd	Sm	Eu	Gd	Tb	Dy	Ho	Er	Tm	Yb	Lu	ΣREE	LREE	HREE
Y117-3	2 442.1	O_1m_5	45.81	85.66	9.20	32.19	4.40	0.71	3.46	0.47	2.90	0.62	1.97	0.31	2.08	0.32	190.10	177.96	12.13
S323-1	3 890.0	O_1m_5	26.19	50.21	5.09	17.17	2.71	0.47	2.48	0.35	2.00	0.39	1.15	0.17	1.12	0.17	109.69	101.85	7.84
S338-1	3 789.0	O_1m_5	60.09	99.52	10.55	31.81	5.31	1.27	5.94	1.05	6.96	1.43	4.22	0.64	4.16	0.62	233.57	208.54	25.02
S338-2	3 796.0	O_1m_5	31.73	56.70	5.58	18.86	3.28	0.60	3.39	0.56	3.73	0.80	2.48	0.40	2.77	0.43	131.32	116.77	14.55
S435-1	3 626.0	O_1m_5	23.06	42.25	4.26	14.89	2.48	0.42	2.29	0.33	2.00	0.40	1.20	0.18	1.20	0.18	95.15	87.35	7.80
S440-1	3 465.0	O_1m_5	67.64	109.73	10.42	28.92	3.76	0.65	3.53	0.51	3.46	0.81	2.87	0.51	3.57	0.56	236.93	221.12	15.82
S445	3 861.0	O_1m_5	33.21	59.64	5.93	20.13	3.50	0.61	3.55	0.58	3.81	0.81	2.50	0.39	2.73	0.42	137.81	123.02	14.79
F5-2	2 479.0	O_1m_5	1.77	3.37	0.37	1.30	0.22	0.04	0.19	0.03	0.15	0.03	0.09	0.01	0.09	0.01	7.67	7.06	0.61
J1-1	3 636.6	O_1m_5	1.26	2.54	0.28	1.07	0.20	0.04	0.20	0.03	0.14	0.03	0.08	0.01	0.06	0.01	5.95	5.39	0.55
J1-6	3 673.3	O_1m_5	2.53	4.20	0.43	1.53	0.27	0.05	0.25	0.03	0.20	0.04	0.11	0.02	0.10	0.02	9.76	9.01	0.76
LN15-1	4 241.0	O_1m_5	19.31	37.95	4.06	14.48	2.54	0.44	2.22	0.31	1.74	0.34	1.00	0.16	1.17	0.18	85.92	78.79	7.13

第二节　混合作用

当两种不同来源的天然气发生混合作用时,会导致混合后天然气的稳定碳同位素值发生变化,根据物质平衡原则,混合后天然气的碳同位素值符合以下公式:

$$\delta_{^{13}C_i} = \frac{\delta_{^{13}C_i}(A) \cdot C_A \cdot p_A + \delta_{^{13}C_i}(B) \cdot C_B \cdot (1-p_A)}{C_A \cdot p_A + C_B \cdot (1-p_A)}$$

式中,$\delta_{^{13}C_i}$ 为混合后天然气的稳定碳同位素值;

$\delta_{^{13}C_i}(A)$ 为 A 种来源的天然气的碳同位素值;

C_A 为 A 种天然气的组分百分含量;

p_A 为 A 种天然气在混合气中所占的比例;

$\delta_{^{13}C_i}(B)$ 为 B 种来源的天然气的碳同位素值;

C_B 为 B 种天然气的组分百分含量;

p_B 为 B 种天然气在混合气中所占的比例。

从上式可以发现,当煤成气与油型气按照不同的比例混合时,混合气的稳定碳同位素值会随混合比例的变化而不断变化。当把以下两种天然气按照不同的比例混合时,就会出现碳同位素的倒转。

A 为典型的煤成气,其组分组成如下:甲烷含量为 98%,乙烷含量为 1.5%,丙烷含量为 0.4%,丁烷含量为 0.1%;碳同位素组成为甲烷碳同位素值 $-27‰$,乙烷碳同位素值为 $-24‰$,丙烷碳同位素值 $-21‰$,丁烷碳同位素值 $-20‰$。

B 为典型的油型气,其组分组成如下:甲烷含量为 88.5%,乙烷含量为 4.5%,丙烷含量为 4%,丁烷含量为 3%;碳同位素组成为甲烷碳同位素值 $-50‰$,乙烷碳同位素值 $-46‰$,丙烷碳同位素值 $-38‰$,丁烷碳同位素值 $-36‰$。

从上述参数值可以发现,两种天然气均为明显的正碳同位素系列,即 $\delta_{^{13}C_1} < \delta_{^{13}C_2} < \delta_{^{13}C_3} < \delta_{^{13}C_4}$,且 A 为典型的煤成气样品,B 为典型的油型气样品。

把两种类型的天然气以不同的比例混合,混合后的天然气的碳同位素值会出现显著的差异。由图 5-30 可以发现,碳同位素值随着混合比的变化而被明显地划分为 5 个区(图 5-30):(A 区) $\delta_{^{13}C_1} > \delta_{^{13}C_2}$, $\delta_{^{13}C_2} < \delta_{^{13}C_3}$, $\delta_{^{13}C_3} < \delta_{^{13}C_4}$;(B 区) $\delta_{^{13}C_1} > \delta_{^{13}C_2}$, $\delta_{^{13}C_2} < \delta_{^{13}C_3}$, $\delta_{^{13}C_3} > \delta_{^{13}C_4}$;(C 区) $\delta_{^{13}C_1} > \delta_{^{13}C_2}$, $\delta_{^{13}C_2} > \delta_{^{13}C_3}$, $\delta_{^{13}C_3} > \delta_{^{13}C_4}$;(D 区) $\delta_{^{13}C_1} < \delta_{^{13}C_2}$, $\delta_{^{13}C_2} > \delta_{^{13}C_3}$, $\delta_{^{13}C_3} > \delta_{^{13}C_4}$;(E 区) $\delta_{^{13}C_1} < \delta_{^{13}C_2}$, $\delta_{^{13}C_2} < \delta_{^{13}C_3}$, $\delta_{^{13}C_3} > \delta_{^{13}C_4}$。当混合比(煤成气:油型气)小于 10 时,煤成气在含量上占据绝对优势,但在碳同位素值上却表现为油型气的特

征。该实验清晰的说明,当煤成气与油型气以不同的比例混合后,混合后天然气的碳同位素值会产生倒转。

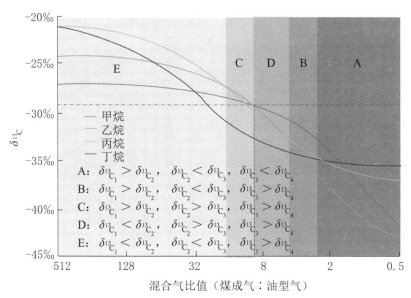

图5-30　混合作用与天然气稳定碳同位素值关系图版

据夏新宇等(1998c)。

　　上述结论显然由实验分析及理论推导得出,还必须结合该地区的实际地质情况分析。结合第三章及第四章的分析可知,上古生界的灰岩及下古生界奥陶系马家沟组海相碳酸盐岩确实具备一定的生烃能力,可以生成一定数量的油型气。虽然这部分油型气的数量相对较小,煤成气的数量相对较大,但是,这部分油型气与煤成气相互混合,就会导致天然气碳同位素倒转。这一推断与实验模拟结果一致,说明混合作用确实是碳同位素发生倒转的原因之一。

　　这一推断,也可以从北部气田及南部延安气田的天然气地球化学特征得到证实。Wang等(2015)根据天然气碳同位素值与氢同位素值之间的相互关系,划分了腐殖型干酪根来源的天然气及腐泥型干酪根来源的天然气。我们将北部气田及南部延安气田井口气的天然气样品点投影到图中(图5-31),可以发现,北部气田的样品全部落入了腐殖型干酪根生成的天然气范围内,而南部延安气田的样品则逐渐向腐泥型干酪根生成的天然气过渡,即为沿着有机质类型变好的方向。这也证实了南部延安气田的天然气确实存在混入现象,这种混入直接导致了天然气出现了碳同位素的倒转。

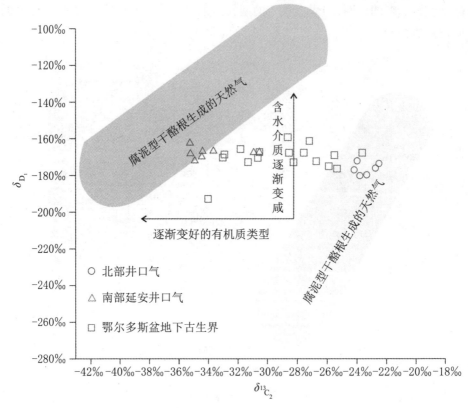

图 5-31　北部气田与南部延安气田 δ_{D_1} 和 $\delta_{13_{C_2}}$ 相关关系图

第三节　运 移 分 馏

甲烷的分子直径小于乙烷和丙烷,溶解系数也明显小于乙烷和丙烷,异丁烷的分子直径及溶解系数也明显小于正丁烷。因此,天然气在运移过程中,甲烷及异构烷烃会优先运移,从而导致随着运移距离的增大,逐渐出现"甲烷化"和"异构化"的特征,这就是天然气的组分分馏作用(Leythaeuseret al., 1984;张同伟等,1999)。同位素分馏作用指的是某种元素的同位素以不同的比值分配到两种物质或两相中的化学现象(卢双舫等,2006;田辉等,2007)。由于 ^{12}C—^{12}C 键比 ^{12}C—^{13}C 键更容易断开,此外,^{13}C 比 ^{12}C 更容易被吸附,因此,在天然气的运移过程中,碳同位素值会沿着运移方向逐渐变轻,这就是天然气运移过程中的碳同位素分馏作用。

因此,天然气在运移过程中,可能会发生组分分馏和同位素分馏作用。分馏作用会影响碳同位素值,不同成因类型的天然气相互混合带来的组分分馏作用会导致$\delta^{13}C_2$值变轻,这也是下古生界天然气碳同位素值出现倒转的一个可能原因。我们绘制了$\delta^{13}C_2$值与乙烷组分百分含量之间的关系图(图5-32)。从图中可以发现,从乙烷组分含量角度看,上、下古生界天然气明显落入了不同的区域,上古生界榆林气田天然气的乙烷含量明显高于下古生界靖边气田,这一方面可能是上文提及的高成熟度作用的影响;另一方面也可能是由于上古生界产生的天然气在向下古生界运移的过程中,发生了组分分馏作用,导致天然气出现了甲烷化。

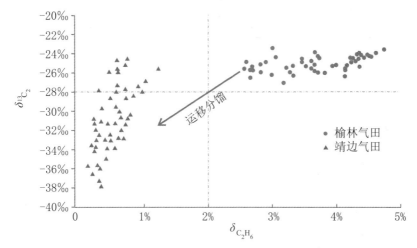

图5-32　鄂尔多斯盆地上、下古生界乙烷含量与$\delta^{13}C_2$值关系图

从图5-32中还可以发现,下古生界靖边气田$\delta^{13}C_2$值分布区间更大,且平均值小于上古生界,更趋向于油型气的特征。考虑到下古生界靖边气田乙烷组分含量小于上古生界榆林气田的事实。我们推测,天然气在向下运移的过程中,可能同时发生了组分分馏和碳同位素分馏,从而导致了上古生界榆林气田天然气乙烷含量及乙烷碳同位素值均大于下古生界靖边气田的。

陈安定(2002)曾统计了靖边气田3套产层104个气样的平均组分、组成及稳定碳同位素值(图5-33)。从图中可以发现,从上至下,甲烷化系数逐渐增大,乙烷碳同位素值逐渐变小,并逐渐表现为油型气的特征。靖边气田天然气组分及稳定碳同位素值的这一纵向变化特点,说明靖边气田的天然气主要为来自于上古生界石炭-二叠系煤系烃源岩的煤成气。上古生界石炭-二叠系煤系生成的煤成气,在向下古生界储层运移的过程中,一方面会发生组分分馏作用而使得重烃含量逐渐减少,从而甲烷含量相对增加,逐渐表现出甲烷化的特点。这也是为何下古生界靖边气田甲烷化系数明显大于上古生界的主要原因之一。另一方面,上古生界石炭-二叠系煤系烃源岩生成的煤成气在向下运移的过程中,还可能会发生同位素分馏作

用,从而进一步影响碳同位素值,使得靖边气田的天然气碳同位素值逐渐向较轻的
端元靠近。

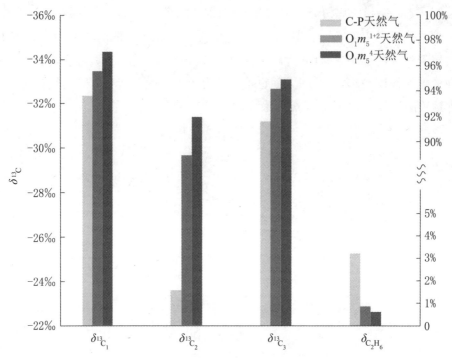

图5-33　靖边气田天然气组分及其碳同位素值分布直方图

据陈安定(2002)。

参 考 文 献

包茨，1988. 天然气地质学[M]. 北京：科学出版社，328-331.

曹青，赵靖舟，付金华，等，2013. 鄂尔多斯盆地上古生界准连续型气藏气源条件[J]. 石油与天然气地质，34(5)：584-591.

陈安定，1994. 鄂尔多斯盆地中部气田奥陶系天然气的成因及运移[J]. 石油学报，15(2)：1-10.

陈安定，2002. 论鄂尔多斯盆地中部气田混合气的实质[J]. 石油勘探与开发，29(2)：33-38.

陈安定，2005. 海相"有效烃源岩"定义及丰度下限问题讨论[J]. 石油勘探与开发，32(2)：23-25.

陈安定，代金友，王文跃，2010. 靖边气田气藏特点、成因与成藏有利条件[J]. 海相油气地质，15(2)：45-55.

陈建平，赵长毅，何忠华，1997. 煤系有机质生烃潜力评价标准探讨[J]. 石油勘探与开发，24(1)：1-5.

陈建平，梁狄刚，张水昌，等，2012. 中国古生界海相烃源岩生烃潜力评价标准与方法[J]. 地质学报，86(7)：1132-1142.

陈践发，张水昌，鲍志东，等，2006a. 海相优质烃源岩发育的主要影响因素及沉积环境[J]. 海相油气地质，11(3)：49-54.

陈践发，张水昌，孙省利，等，2006b. 海相碳酸盐岩优质烃源岩发育的主要影响因素[J]. 地质学报，80(3)：467-472.

陈丕，1985. 碳酸盐岩生油地球化学中的几个问题[J]. 石油实验地质，7(1)：3-12.

陈全红，李文厚，胡孝林，等，2012. 鄂尔多斯盆地晚古生代沉积岩源区构造背景及物源分析[J]. 地质学报，86(7)：1150-1162.

陈荣书，1989. 天然气地质学[M]. 武汉：中国地质大学出版社，236-273.

陈义才，沈忠民，黄泽光，等，2002. 碳酸盐烃源岩排烃模拟模型及应用：以鄂尔多斯盆地奥陶系马家沟组为例[J]. 石油与天然气地质，23(3)：203-206.

程克明，王兆云，1996. 高成熟和过成熟海相碳酸盐岩生烃条件评价方法研究[J]. 中国科学：地球科学，26(6)：537-543.

戴金星，1979. 成煤作用中形成的天然气与石油[J]. 石油勘探与开发，6(3)：10-17.

戴金星，戚厚发，宋岩，等，1986. 我国煤层气组分、碳同位素类型及其成因和意义[J]. 中国科学：地球科学(12)：85-94.

戴金星，1988. 中国气藏形成与富集的主要控制因素初探[J]. 天然气工业，8(1)：23-38.

戴金星，戚厚发，1989. 我国煤成烃气的δ_{13_C}-Ro关系[J]. 科学通报，34(9)：690-692.

戴金星，1990. 概论有机烷烃气碳同位素系列倒转的成因问题[J]. 天然气工业，10(6)：15-20.

戴金星，裴锡古，戚厚发，1992. 中国天然气地质学：卷一[M]. 北京：石油工业出版社.

戴金星，卫延召，赵靖舟，2003. 晚期成藏对大气田形成的重大作用[J]. 中国地质，30(1)：10-19.

戴金星，李剑，丁巍伟，等，2005. 中国储量千亿立方米以上气田天然气地球化学特征[J]. 石油勘探与开发，32(4)：16-23.

戴金星，邹才能，陶士振，等，2007. 中国大气田形成条件和主控因素[J]. 天然气地球科学，18(4)：473-484.

戴金星，邹才能，李伟，等，2014. 中国煤成气大气田及气源[M]. 北京：科学出版社.

戴金星，倪云燕，黄士鹏，等，2016. 次生型负碳同位素系列成因[J]. 天然气地球科学，27(1)：1-7.

方朝刚，李凤杰，孟立娜，等，2012. 柴达木盆地北缘红山断陷中侏罗统烃源岩评价[J]. 天然气地球科学，23(5)：856-861.

付金华，段晓文，席胜利，2000. 鄂尔多斯盆地上古生界气藏特征[J]. 天然气工业，20(6)：17-19.

付金华，魏新善，任军峰，等，2006. 鄂尔多斯盆地天然气勘探形势与发展前景[J]. 石油学报，27(6)：1-4.

付锁堂，石小虎，南珺祥，2010. 鄂尔多斯盆地东北部上古生界二叠系太原组及下石盒子组碎屑岩储集层特征[J]. 古地理学报，12(5)：609-617.

傅家谟，史继扬，1977. 石油演化理论与实践(Ⅱ)：石油演化的实践模型和石油演化的实践意义[J]. 地球化学(2)：87-104.

傅家谟，刘德汉，1982. 碳酸盐岩有机质热演化特征与油气评价[J]. 石油学报(1)：1-9.

傅家谟，贾蓉芬，1984. 碳酸盐岩分散有机质的基本存在形式/演化特征与碳酸盐岩地层油气评价[J]. 地球化学(1)：1-9.

傅锁堂，冯乔，张文正，2003. 鄂尔多斯盆地苏里格庙与靖边天然气单体碳同位素特征及其成因[J]. 沉积学报，21(3)：528-532.

关德师，张文正，裴戈，1993. 鄂尔多斯盆地中部气田奥陶系产层的油气源[J]. 石油与天然气地质，14(3)：191-199.

郭少斌，郑红梅，黄家国，2014. 鄂尔多斯盆地上古生界非常规天然气综合勘探前景[J]. 地质科技情报，33(6)：69-77.

郭彦如，赵振宇，张月巧，等，2016. 鄂尔多斯盆地海相烃源岩系发育特征与勘探新领域[J]. 石油学报，37(8)：939-951

郝芳，陈建渝，1993. 论有机质生烃潜能与生源的关系及干酪根的成因类型[J]. 现代地质，

7(1)：57-65.

郝石生，1984. 对碳酸盐生油岩的有机质丰度及其演化特征的讨论[J]. 石油实验地质，6(1)：71-75.

郝石生，高岗，王飞宇，等，1996. 高过成熟海相烃源岩[M]. 北京：石油工业出版社.

何自新，郑聪斌，陈安宁，等，2001. 长庆气田奥陶系古沟槽展布及其对气藏的控制[J]. 石油学报，22(4)：35-38.

何自新，2003. 鄂尔多斯盆地演化与油气[M]. 北京：石油工业出版社.

何自新，郑聪斌，王彩丽，等，2005. 中国海相油气田勘探实例之二：鄂尔多斯盆地靖边气田的发现与勘探[J]. 海相油气地质，10(2)：37-44.

贺小元，刘池阳，王建强，等，2011. 鄂尔多斯盆地晚古生代古构造[J]. 古地理学报，13(6)：677-686.

胡朝元，钱凯，王秀芹，等，2010. 鄂尔多斯盆地上古生界多藏大气田形成的关键因素及气藏性质的嬗变[J]. 石油学报，31(6)：879-884.

胡文瑄，陈琪，王小林，等. 2010. 白云岩储层形成过程中不同流体作用的稀土元素判别模式[J]. 石油与天然气地质，31(6)：810-818.

黄第藩，李晋超，1982. 干酪根类型划分的X图解[J]. 地球化学(1)：21-30.

黄第藩，李晋超，张大江，1984. 干酪根的类型及其分类参数的有效性、局限性和相关性[J]. 沉积学报，2(3)：18-33.

黄第藩，熊传武，杨俊杰，等，1996. 鄂尔多斯盆地中部气田气源判识和天然气成因类型[J]. 天然气工业，16(6)：1-5.

黄士鹏，龚德瑜，于聪，等，2014. 石炭系-二叠系煤成气地球化学特征：以鄂尔多斯盆地和渤海湾盆地为例[J]. 天然气地球科学，25(1)：98-108.

吉利明，吴涛，李林涛，2007. 鄂尔多斯盆地西峰地区延长组烃源岩干酪根地球化学特征[J]. 石油勘探与开发，34(4)：424-428.

蒋助生，胡国艺，李志生，等，1999. 鄂尔多斯盆地古生界气源对比新探索[J]. 沉积学报，17(S1)：820-824.

孔庆芬，张文正，李剑锋，等，2016. 鄂尔多斯盆地靖西地区下古生界奥陶系天然气成因研究[J]. 天然气地球科学，27(1)：71-80.

兰朝利，张君峰，陶维祥，等，2011. 鄂尔多斯盆地神木气田二叠系太原组沉积特征与演化[J]. 地质学报，85(4)：533-542.

李浩，任战利，高海仁，等，2015. 延长气田上古生界烃源岩评价及生排烃特征[J]. 天然气工业，35(4)：33-39.

李贤庆，胡国艺，李剑，等，2003. 鄂尔多斯盆地中部气田天然气混源的地球化学标志与评价[J]. 地球化学，32(3)：282-290.

李贤庆，胡国艺，李剑，等，2008. 鄂尔多斯盆地中东部上古生界天然气地球化学特征[J]. 石油天然气学报，30(4)：1-4.

李向平，陈刚，章辉若，等，2006. 鄂尔多斯盆地中生代构造事件及其沉积响应特点[J].

西安石油大学学报(自然科学版),21(3):1-4.

李延均,陈义才,杨远聪,等,1999.鄂尔多斯下古生界碳酸盐烃源岩评价与成烃特征[J].石油与天然气地质,20(4):349-353.

梁狄刚,张水昌,张宝民,等,2000.从塔里木盆地看中国海相生油问题[J].地学前缘,7(4):534-547.

梁世友,李凤丽,付洁,等,2009.北黄海盆地中生界烃源岩评价[J].石油实验地质,31(3):249-252.

刘宝泉,梁狄刚,方杰,等,1985.华北地区中上元古界、下古生界碳酸盐岩有机质成熟度与找油远景[J].地球化学(2):150-162.

刘成鑫,高振中,纪友亮,等,2005.鄂尔多斯盆地西南缘奥陶系深水牵引流沉积[J].海洋地质与第四纪地质,25(2):31-35.

刘丹,冯子齐,刘洋,等,2016.鄂尔多斯盆地中东部下古生界奥陶系自生自储气地球化学特征[J].天然气地球科学,27(10):1892-1903.

刘德汉,付金华,郑聪斌,等,2004.鄂尔多斯盆地奥陶系海相碳酸盐岩生烃性能与中部长庆气田气源成因研究[J].地质学报,78(4):542-550.

刘全有,金之钧,王毅,等,2012.鄂尔多斯盆地海相碳酸盐岩层系天然气成藏研究[J].岩石学报,28(3):847-858.

刘新社,席胜利,付金华,等,2000.鄂尔多斯盆地上古生界天然气生成[J].天然气工业,20(6):19-23.

刘友民,孔志平,1984.鄂尔多斯盆地西缘逆冲带油气远景展望[J].石油勘探与开发(1):37-44.

刘云田,杨少勇,胡凯,等,2007.柴达木盆地北缘中侏罗统大煤沟组七段烃源岩有机地球化学特征及生烃潜力[J].高校地质学报,13(4):703-713.

柳娜,姚宜同,南珺祥,等,2015.鄂尔多斯盆地东部盒8段、二叠系太原组致密砂岩储层特征及低产因素[J].成都理工大学学报(自科版),42(4):435-443.

卢双舫,李吉军,薛海涛,等,2006.碳同位素分馏模型比较研究[J].天然气工业,26(7):1-4.

罗静兰,魏新善,姚泾利,等,2010.物源与沉积相对鄂尔多斯盆地北部上古生界天然气优质储层的控制[J].地质通报,29(6):811-820.

马春生,许化政,宫长红,等,2011.鄂尔多斯盆地中央隆起带奥陶系风化壳古油藏与靖边大气田关系[J].天然气地球科学,22(2):280-286.

马献珍,2017.集团公司推进鄂尔多斯盆地天然气上产[N].中国石化报,9-14(1).

马新华,2005.鄂尔多斯盆地天然气勘探开发形势分析[J].石油勘探与开发,32(4):50-53.

马永生,2006.中国海相油气勘探[M].北京:地质出版社.

米敬奎,王晓梅,朱光有,等,2012.利用包裹体中气体地球化学特征与源岩生气模拟实验探讨鄂尔多斯盆地靖边气田天然气来源[J].岩石学报,28(3):859-869.

苗忠英，陈践发，张晨，等，2011. 鄂尔多斯盆地东部奥陶系盐下天然气成藏条件[J]. 天然气工业，31(2)：39-42.

宁宁，陈孟晋，孙粉锦，等，2007. 鄂尔多斯盆地奥陶系风化壳古油藏的确定及其意义[J]. 石油与天然气地质，28(2)：280-286.

庞军刚，李文厚，杨友运，等，2007. 鄂尔多斯盆地子洲地区上古生界沉积体系特征[J]. 天然气工业，27(12)：58-61.

庞雄奇，1995. 排烃门限控油气理论与应用[M]. 北京:石油工业出版社.

彭平安，刘大永，秦艳，等，2008. 海相碳酸盐岩烃源岩评价的有机碳下限问题[J]. 地球化学，37(4)：415-422.

秦建中，刘宝泉，国建英，等，2004. 关于碳酸盐烃源岩的评价标准[J]. 石油实验地质，26(3)：281-286.

秦建中，刘宝泉，2005a. 海相不同类型烃源岩生排烃模式研究[J]. 石油实验地质，27(1)：74-80.

秦建中，2005b. 中国烃源岩[M]. 北京：科学出版社.

秦建中，刘宝泉，郑伦举，等，2006. 海相碳酸盐岩烃源岩生排烃能力研究[J]. 石油与天然气地质，27(3)：348-355.

秦建中，郑伦举，腾格尔，2007. 海相高演化烃源岩总有机碳恢复系数研究[J]. 地球科学，32(6)：853-860.

秦建中，付小东，腾格尔，2008. 川东北宣汉-达县地区三叠-志留系海相优质烃源层评价[J]. 石油实验地质，30(4)：367-374.

秦建中，腾格尔，付小东，2009. 海相优质烃源层评价与形成条件研究[J]. 石油实验地质，31(4)：366-372.

邱中建，张一伟，李国玉，等，1998. 田吉兹、尤罗勃钦碳酸盐岩油气田石油地质考察及对塔里木盆地寻找大油气田的启示和建议[J]. 海相油气地质，3(1)：49-56.

沈玉林，郭英海，李壮福，等，2009. 鄂尔多斯盆地东缘本溪组-二叠系太原组层序地层特征[J]. 地球学报，30(2)：187-193.

谭晨曦，李文厚，冯娟萍，等，2010. 鄂尔多斯盆地大牛地气田储集层物源分析[J]. 矿物学报，30(3)：389-397.

谭试典，1985. 中国西北地区逆掩断裂带与油气圈闭类型[J]. 石油与天然气地质，6(2)：179-186.

汤锡元，郭忠铭，王定一，1988. 鄂尔多斯盆地西部逆冲推覆构造带特征及其演化与油气勘探[J]. 石油与天然气地质，9(1)：1-10.

腾格尔，2011. 中国海相烃源岩研究进展及面临的挑战[J]. 天然气工业，31(1)：20-25.

田辉，肖贤明，李贤庆，等，2007. 海相干酪根与原油裂解气甲烷生成及碳同位素分馏的差异研究[J]. 地球化学，36(1)：71-77.

涂建琪，王淑芝，1998. 干酪根有机质类型划分的若干问题的探讨[J]. 石油实验地质，20(2)：187-191.

涂建琪, 董义国, 张斌, 等, 2016. 鄂尔多斯盆地奥陶系马家沟组规模性有效烃源岩的发现及其地质意义[J]. 天然气工业, 36(5): 15-24.

王宝清, 王凤琴, 魏新善, 等, 2006. 鄂尔多斯盆地东部二叠系太原组古岩溶特征[J]. 地质学报, 80(5): 700-704.

王传刚, 王毅, 许化政, 等, 2009. 论鄂尔多斯盆地下古生界烃源岩的成藏演化特征[J]. 石油学报, 30(1): 38-45.

王传刚, 2012. 鄂尔多斯盆地海相烃源岩的成藏有效性分析[J]. 地学前缘, 19(1): 253-263.

王兰生, 李子荣, 谢姚祥, 等, 2003. 川西南地区二叠系碳酸盐岩生烃下限研究[J]. 天然气地球科学, 14(1): 39-46.

王晓慧, 陈绍国, 1996. 北美西部、准噶尔盆地西北缘及龙门山逆掩推覆构造带油气地质条件类比[J]. 天然气勘探与开发, 19(3): 1-9.

王招明, 谢会文, 陈永权, 等, 2014. 塔里木盆地中深 1 井寒武系盐下白云岩原生油气藏的发现与勘探意义[J]. 中国石油勘探, 19(2): 1-13.

魏新善, 王飞雁, 王怀厂, 等, 2005. 鄂尔多斯盆地东部二叠系太原组灰岩储层特征[J]. 天然气工业, 25(4): 16-18.

魏新善, 陈洪德, 张道锋, 等, 2017. 致密碳酸盐岩储集层特征与天然气勘探潜力: 以鄂尔多斯盆地伊陕斜坡东部奥陶系马家沟组为例[J]. 石油勘探与开发, 44(3): 319-329.

文志刚, 王正允, 何幼斌, 等, 2004. 柴达木盆地北缘上石炭统烃源岩评价[J]. 天然气地球科学, 15(2): 125-127.

翁凯, 李鑫, 李荣西, 等, 2012. 鄂尔多斯盆地东南部上古生界烃源岩评价及有利区预测[J]. 特种油气藏, 19(5): 21-25.

席胜利, 李文厚, 刘新社, 等, 2009. 鄂尔多斯盆地神木地区下二叠统太原组浅水三角洲沉积特征[J]. 古地理学报, 11(2): 187-194.

席胜利, 刘新社, 孟培龙, 2015. 鄂尔多斯盆地大气区的勘探实践与前瞻[J]. 天然气工业, 35(8): 1-9.

夏明军, 郑聪斌, 戴金星, 等, 2007. 鄂尔多斯盆地东部奥陶系盐下储层及成藏条件分析[J]. 天然气地球科学, 18(2): 204-208.

夏新宇, 洪峰, 赵林, 1998a. 烃源岩生烃潜力的恢复探讨: 以鄂尔多斯盆地下奥陶统碳酸盐岩为例[J]. 石油与天然气地质, 19(4): 307-312.

夏新宇, 李春园, 赵林, 1998b. 天然气混源作用对同位素判源的影响[J]. 石油勘探与开发, 25(3): 89-90.

夏新宇, 赵林, 戴金星, 等, 1998c. 鄂尔多斯盆地中部气田奥陶系风化壳气藏天然气来源及混源比计算[J]. 沉积学报, 16(3): 75-79.

夏新宇, 赵林, 戴金星, 1999. 鄂尔多斯盆地奥陶系风化壳气藏中油型气成分的来源[J]. 石油勘探与开发, 26(4): 22-24.

夏新宇, 2000. 碳酸盐岩生烃与长庆气田气源[M]. 北京: 石油工业出版社.

肖晖，赵靖舟，王大兴，等，2013. 鄂尔多斯盆地奥陶系原生天然气地球化学特征及其对靖边气田气源的意义[J]. 石油与天然气地质，34(5)：601-609.

熊德明，马万云，张明峰，等，2014. 干酪根类型及生烃潜力确定新方法[J]. 天然气地球科学，25(6)：898-905.

杨华，张文正，李剑锋，等，2004. 鄂尔多斯盆地北部上古生界天然气的地球化学研究[J]. 沉积学报，22(S1)：39-44.

杨华，张文正，昝川莉，等，2009. 鄂尔多斯盆地东部奥陶系盐下天然气地球化学特征及其对靖边气田气源再认识[J]. 天然气地球科学，20(1)：8-14.

杨华，包洪平，2011. 鄂尔多斯盆地奥陶系中组合成藏特征及勘探启示[J]. 天然气工业，31(12)：11-20.

杨华，刘新社，2014. 鄂尔多斯盆地古生界煤成气勘探进展[J]. 石油勘探与开发，41(2)：129-137.

杨华，刘新社，闫小雄，2015. 鄂尔多斯盆地晚古生代以来构造-沉积演化与致密砂岩气成藏[J]. 地学前缘，22(3)：174-183.

杨华，刘新社，黄道军，等，2016. 长庆油田天然气勘探开发进展与"十三五"发展方向[J]. 天然气工业，36(5)：1-14.

杨俊杰，1991. 陕甘宁盆地下古生界天然气的发现[J]. 天然气工业，11(2)：1-6.

杨俊杰，谢庆帮，宋国初，1992. 陕甘宁盆地中部奥陶系古地貌模式及气藏序列[J]. 天然气工业，12(4)：8-13.

杨俊杰，裴锡古，1996. 中国天然气地质学：卷四[M]. 北京：石油工业出版社.

杨俊杰，2002. 鄂尔多斯盆地构造演化与油气分布规律[M]. 北京：石油工业出版社.

姚泾利，包洪平，任军峰，等，2015. 鄂尔多斯盆地奥陶系盐下天然气勘探[J]. 中国石油勘探，20(3)：1-12.

姚泾利，王程程，陈娟萍，等，2016. 鄂尔多斯盆地马家沟组盐下碳酸盐岩烃源岩分布特征[J]. 天然气地球科学，27(12)：2115-2126.

张峰，李佳明，2017-3-25. 靖边气田累计产气突破900亿方[N/OL]. http://www.jbxc.gov.cn/xwjj/jbxw/14740.htm.

张刘平，罗晓容，马新华，等，2007. 深盆气-成岩圈闭：以鄂尔多斯盆地榆林气田为例[J]. 科学通报，52(6)：679-687.

张申，张达景，刘深艳，2013. 巴西坎普斯盆地盐下层系油气发现及其勘探潜力[J]. 中国石油勘探，18(2)：59-66.

张士亚，1994. 鄂尔多斯盆地天然气气源及勘探方向[J]. 天然气工业，14(3)：1-4.

张水昌，梁狄刚，张大江，2002. 关于古生界烃源岩有机质丰度的评价标准[J]. 石油勘探与开发，29(2)：8-12.

张同伟，王先彬，陈践发，等，1999. 天然气运移的气体组分的地球化学示踪[J]. 沉积学报，17(4)：627-632.

张文正，裴戈，关德师，1992a. 鄂尔多斯盆地中、古生界原油轻烃单体系列碳同位素研究

[J]. 科学通报, 37(3): 248-251.

张文正, 裴戈, 关德师, 1992b. 液态正构烷烃系列, 姥鲛烷, 植烷碳同位素初步研究[J]. 石油勘探与开发, 19(5): 32-42.

张晓莉, 2005. 鄂尔多斯盆地中部上古生界砂岩气层沉积体系类型及特征[J]. 油气地质与采收率, 12(4): 43-45.

赵登林, 纪有亮, 1994. 深盆气-成岩圈闭: 以鄂尔多斯盆地榆林气田为例[J]. 天然气地球科学(2): 34-35.

赵红格, 刘池洋, 王峰, 等, 2006. 鄂尔多斯盆地西缘构造分区及其特征[J]. 石油与天然气地质, 27(2): 173-179.

赵虹, 党犇, 李文厚, 2006. 鄂尔多斯盆地中东部上古生界三角洲沉积特征[J]. 天然气工业, 26(1): 26-29.

赵靖舟, 王力, 孙兵华, 等, 2010. 鄂尔多斯盆地东部构造演化对上古生界大气田形成的控制作用[J]. 天然气地球科学, 21(6): 875-881.

赵靖舟, 付金华, 姚泾利, 等, 2012. 鄂尔多斯盆地准连续型致密砂岩大气田成藏模式[J]. 石油学报, 33(1): 37-52.

赵林, 夏新宇, 洪峰, 2000. 鄂尔多斯盆地中部气田上古生界气藏成藏机理[J]. 天然气工业, 20(2): 17-21.

赵孟军, 黄第藩, 1995. 塔里木盆地古生界干酪根热解产物组成研究[J]. 石油勘探与开发, 22(5): 18-23.

赵庆波, 孙斌, 1998. 鄂尔多斯盆地东部大型煤层气气田形成条件及勘探目标[J]. 石油勘探与开发, 25(2): 4-7.

郑聪斌, 谢庆邦, 1993. 陕甘宁盆地中部奥陶系风化壳储层特征[J]. 天然气工业, 13(5): 26-30.

钟宁宁, 张枝焕, 1998. 石油地球化学进展[M]. 北京: 石油工业出版社.

钟宁宁, 卢双舫, 黄志龙, 等, 2004a. 烃源岩生烃演化过程TOC值的演变及其控制因素[J]. 中国科学: 地球科学, 34(S1): 120-126.

钟宁宁, 卢双舫, 黄志龙, 等, 2004b. 烃源岩TOC值变化与其生排烃效率关系的探讨[J]. 沉积学报, 22(S1): 73-78.

周杰, 庞雄奇, 2002. 一种生、排烃量计算方法探讨与应用[J]. 石油勘探与开发, 29(1): 24-27.

周树勋, 马振芳, 1998. 鄂尔多斯盆地中东部奥陶系不整合面成藏组合及其分布规律[J]. 石油勘探与开发, 14(5): 14-17.

周中毅, 贾蓉芬, 1974. 碳酸盐岩生油岩的有机地球化学、岩石学特征[J]. 地球化学(4): 278-296.

朱筱敏, 康安, 2002. 鄂尔多斯盆地西南部上古生界层序地层和沉积体系特征[J]. 石油实验地质, 24(4): 327-333.

ALLAN J R, WIGGINS W D, 1993. Dolomite reservoirs: geochemical techniques for evaluating origin and distribution[J]. AAPG, 36: 36-129.

BJOLKKE K, 1989. Sedimentology and petroleum geology [M]. New York: Springer-Verlag.

CAI C F, HU G Y, HE H, et al., 2005. Geochemical characteristics and origin of natural gas and thermochemical sulphate reduction in Ordovician carbonates in the Ordos Basin, China [J]. Journal of Petroleum Science and Engineering, 48(3,4): 209-226.

CLARK R C, BLUMER M, 1967. Distribution of n-Paraffins in marine organisms and sediment [J]. Limnology and Oceanography, 12(1): 79-87.

DAI J X, SONG Y, ZHANG H, 1997. Main factors controlling the foundation of medium-giant gas fields in China[J]. Science in China, 40(1):1-10.

DAI J X, LI J, LUO X, et al., 2005. Stable carbon isotope compositions and source rock geochemistry of the giant gas accumulations in the Ordos Basin, China [J]. Organic Geochemistry, 36(12): 1617-1635.

DAI J X. 2016. Giant coal-derived gas fields and their sources in China [M]. Beijing: Science Press.

DAWSON K S, SCHAPERDOTH I, FREEMAN K H, et al., 2013. Anaerobic biodegradation of the isoprenoid biomarkers pristane and phytane [J]. Organic Geochemistry, 65: 118-126.

DEMAISON G J, HUIZINGA B J, 1991. Genetic classification of petroleum systems [J]. AAPG Bulletin, 75(10): 1626-1643.

DERRY L A, 2010. A burial diagenesis origin for the Ediacaran Shuram-Wonoka carbon-isotope anomaly [J]. Earth and Planetary Science Letters, 294: 152-162.

FABER E, 1987. Zur Isotopengeochemie gasförmiger Kohlenwasserstoffe [J]. Erdöl Erdgas Kohle, 103: 210-218.

FUEX A N, 1977. The use of stable carbon isotopes in hydrocarbon exploration [J]. Journal of Geochemical Exploration, 7(77): 155-188.

GEHMAN H M, 1962. Organic matter in limestone [J]. Geochimica et Cosmochimica Acta, 26: 885-897.

GROMET L P, HASKIN L A, KOROTEV R L, et al., 1984. The "North American shale composite": Its compilation, major and trace element characteristics [J]. Geochimica et Cosmochimica Acta, 48: 2469-3482.

HUGHES W B, HOLBA A G, DZOU L I P, 1995. The ratios of dibenzothiophene to phenanthrene and pristane to phytane as indicators of depositional environment and lithology of petroleum source rocks [J]. Geochimica et Cosmochimica Acta, 59(17): 3581-3598.

HUNT J M, 1979. Petroleum geochemistry and geology [M]. New York: Freman.

JARVIE D M, 1991. Total organic carbon (TOC) analysis[Z]. Texas Humble Instruments, 37: 113-118.

JARVIE D M, ELSINGER R J, INDEN R F, et al., 1996. A comparison of the rates of hydrocarbon generation from Lodgepole, False Bakken, and Bakken formation petroleum source rocks, Williston Basin, USA [J]. AAPG Bulletin, 80(6): 1021-1033.

JENDEN P D, DRAZA D J, KAPLAN I R, 1993. Mixing of thermogenic natural gases in northern Appalachian Basin [J]. AAPG Bulletin, 77(6): 980-998.

KATZ B J, 1995. Petroleum source rocks-an introductory overview [M]. New York: Springer-Verlag.

KAWABE I, TORIUMI T, OHTA A, et al., 1998. Monoisotopic REE abundances in seawater and the origin of seawater tetrad effect [J]. Geochemical Journal, 32: 213-229.

KLEMME H D, ULMISHEK G F, 1991. Effective petroleum source rocks of the world: Stratigraphic distribution and controlling depositional factors [J]. AAPG Bulletin, 75(12): 1809-1851.

MCLENNAN S M, 1989. Rare earth elements in sedimentary rocks: influence of provenance and sedimentary processes [J]. Reviews in Mineralogy and Geochemistry, 21: 169-200.

MILKOV A V, ETIOPE G, 2018. Revised genetic diagrams for natural gases based on a global dataset of $>$ 20,000 samples [J]. Organic Geochemistry, 125: 109-120.

NORTH F K, 1985. Petroleum geology [M]. London: Chapman and Hall.

NYTOFT H P, PETERSEN H I, FYHN M B W, et al., 2015. Novel saturated hexacyclic C_{34} and C_{35} hopanes in lacustrine oils and source rocks [J]. Organic Geochemistry, 87: 107-118.

PALACAS J G, 1984. Petroleum geochemistry and source rock potential of carbonate rocks [M]. Tulsa: AAPG Studies in Geology.

PETERS K E, 1986. Guidelines for evaluating petroleum source rock using programmed pyrolysis [J]. AAPG Bulletin, 70(3): 318-329.

PETERS K E, CASSA M R, 1994. Applied source rock geochemistry [C]//The petroleum system: from source to trap. AAPG Memoir, 60: 93-117.

PETERS K E, WALTERS C C, MOLDOWAN J M, 2005. The Biomarker Guide[M]. 2nd. Cambridge: Cambridge University Press.

RONOV A B, 1958. Organic carbon in sedimentary rocks (in relation to presence of petroleum) [J]. Translation in Geochemistry, 5: 510-536.

SAADATI H, AL-IESSA H J, ALIZADEH B, et al., 2016. Geochemical characteristics and isotopic reversal of natural gases in eastern Kopeh-Dagh, NE Iran[J]. Marine and Petroleum Geology, 78: 76-87.

SHANMUGAM G, 1985. Significance of coniferous rain forests and related organic matter in generating commercial quantities of oil, Gippsland Basin, Australia [J]. AAPG Bulletin, 69(8): 1241-1254.

SOBOLEV P, FRANKE D, GAEDICKE C, et al.,2016. Reconnaissance study of organic geochemistry and petrology of Paleozoic-Cenozoic potential hydrocarbon source rocks from the New Siberian Islands, Arctic Russia [J]. Marine and Petroleum Geology, 78: 30-47.

SMITH L B. 2006. Origin and reservoir characteristics of upper Ordovician Trenton Black River hydrothermal dolomite reservoirs in New York[J]. AAPG Bulletin, 90:1691-1718.

TILLEY B, MUEHLENBACHS K, 2013. Isotope reversals and universal stages and trends of gas maturation in sealed, self-contained petroleum systems [J]. Chemical Geology, 339 (339): 194-204.

TISSOT B P, WELTE D H, 1984. Petroleum formation and occurrence [M]. New York: Springer-Verlag.

WANG B Q, QIANG Z T, ZHANG F, et al., 2009. Isotope characteristics of dolomite from the fifth member of the Ordovician Majiagou Formation, the Ordos Basin[J]. Geochimica, 38: 472-479.

WANG X F, LIU W H, SHI B G, et al., 2015. Hydrogen isotope characteristics of thermogenic ethane in Chinese sedimentary basins [J]. Organic Geochemistry, 83: 178-189.

WARREN J, 2000. Dolomite: occurrence, evolution and economically important associations [J]. Earth-Science Reviews, 52: 1-81.

WHITICAR M J, 1999. Carbon and hydrogen isotope systematics of bacterial formation and oxidation of methane[J]. Chemical Geology, 161: 291-314.

XIA X, CHEN J, BRAUN R, et al., 2013. Isotopic reversals with respect to maturity trends due to mixing of primary and secondary products in source rocks [J]. Chemical Geology, 339(2): 205-212.

YANG Y, LI W, MA L, 2005. Tectonic and stratigraphic controls of hydrocarbon systems in the Ordos Basin: a multicycle cratonic basin in central China [J]. AAPG Bulletin, 89 (2): 255-269.

YANG H, FU J, WEI X, et al., 2008. Sulige field in the Ordos Basin: Geological setting, field discovery and tight gas reservoirs [J]. Marine and Petroleum Geology, 25 (4): 387-400.

YANG H, BAO H P, MA Z R, 2014. Reservoir-forming by lateral supply of hydrocarbon: a new understanding of the formation of Ordovician gas reservoirs under gypsolyte in the Ordos Basin [J]. Natural Gas Industry B, 1(1): 24-31.

ZHANG S, HE K, HU G, et al., 2018. Unique chemical and isotopic characteristics and origins of natural gases in the Paleozoic marine formations in the Sichuan Basin, SW China: isotope fractionation of deep and high mature carbonate reservoir gases [J]. Marine and Petroleum Geology, 89(1): 68-82.

ZHANG X, ZHANG T S, LEI B J, et al., 2019. Origin and characteristics of grain dolomite of Ordovician Ma_5^5 Member in the northwest of Ordos Basin, NW China [J]. Petroleum Exploration and Development, 46: 1115-1127.

ZUMBERGE J, FERWORN K, BROWN S, 2012. Isotopic reversal ('rollover') in shale gases produced from the Mississippian Barnett and Fayetteville formations [J]. Marine and Petroleum Geology, 31(1): 43-52.